U0169526

# 玉器文化

张 柏 主编

**图书在版编目(CIP)数据**

玉器文化 / 张柏主编. --北京 : 中国文史出版社，2019.8

（图说中华优秀传统文化丛书）

ISBN 978-7-5205-1695-2

Ⅰ. ①玉… Ⅱ. ①张… Ⅲ. ①玉石－文化－中国 Ⅳ. ①TS933.21

中国版本图书馆CIP数据核字(2019)第268776号

责任编辑：秦千里

---

出版发行: 中国文史出版社

社　　址: 北京市海淀区西八里庄69号院

邮　　编: 100142

电　　话: 010-81136606　81136602　81136603（发行部）

传　　真: 010-81136655

印　　装: 廊坊市海涛印刷有限公司

开　　本: 16开

印　　张: 14

字　　数: 195千字

图　　幅: 523幅

版　　次: 2020年1月第1版

印　　次: 2020年1月第1次印刷

定　　价: 98.00元

# 编者的话

中华民族有五千年的历史，留下了许多优秀的文化遗产。

作为出版者，我们应承担起传播中华优秀传统文化的责任，为此，我们组织强大的团队，聘请大量专业人员，编写了这套“图说中华优秀传统文化丛书”。丛书共10册，分别为《瓷器文化》《玉器文化》《书法文化》《绘画文化》《钱币文化》《家具文化》《名石文化》《沉香文化》《珠宝文化》《茶文化》。

从2015年下半年图书选题立项，到如此“大块头”的丛书完成，历时4年多。

如何创新性地传播中华优秀传统文化，是我们最先思考的问题。以往讲述传统文化，大多不离“四书五经”“诸子百家”等高堂讲章。经过反复论证，我们决定从瓷器、玉器、书法、绘画、钱币等10个专题入手，讲述它们的起源、发展历程和时代特征等内容。这10个专题都是从中华传统文化这一“母体”中孕育出来的“子文化”，历史悠久，艺术魅力独特，具有鲜明的中华民族文化印记。10个子文化横向联结起来，每个历史发展阶段的特征也就鲜明、形象起来了，管窥中华优秀传统文化的目的也就达到了。

聘请专家撰写文字内容这一环节是丛书的重中之重。编辑们动用20多年来积累的作者资源，或打电话，或直接登门拜访，跟专家联系，确认撰稿事宜。这一工作得到专家们的热心支持，但部分专家确实手头有工作要做，不能分心，不得不放弃。待所有的专家联系到位后，时间已过去半年多。

专家们均是相关专题文化领域的权威，可以保证内容的科学性、准确性。但要让读者满意，这还远远不够，必须内容言之有物、行文生动易懂。为此，编辑人员与相关专家进行了多轮面对面的交流与沟通，反复讨论撰稿的体例架构、内容重点、行文风格等。双方交流有时候在办公室，有时候则在专家家里。有些专家每天的日程安排非常紧凑，只有晚上有空闲时间，为此编辑人员不得不在晚上登门讨论。一本书稿完工，少则一年多，多则两三年，专家和编辑人员都倾注了大量的时间和心血。

同时，为了顺应读图时代的需求，让读者“看到”历史，我们邀请30多位业内资深的摄影师，历时2年多，足迹遍及大半个中国，拍摄并收集了近2万张图片；又反复筛选其精美者近4000幅收录到本丛书中，每册书少则插图二三百幅，多则500多幅。为了更好地展示图片质感和艺术效果，10多位设计人员又花费了大半年的时间给图片做了精细化处理，从而使图片与文字更完美地结合，让看似抽象的文化在读者眼中有了质感和真实感，减少了因年代久远带来的陌生与隔阂，真正地与中华传统文化亲密接触。全书完稿后，15位专业编辑、8位专业校对人员又对全部书稿进行了反反复复的编辑加工和校对，从而保证了书稿的高质量呈现！

以上所有的努力和付出都是值得的。这不仅是作为参编者的我们对工作认真负责的体现，也是我们对读者认真负责的体现，更是对中华优秀传统文化传承和传播不懈努力的体现。

在此，要感谢对本丛书的编辑和出版给予关心和支持的所有朋友，特别感谢全国工商联全联民间文物艺术品商会及其所属分支机构所有会员的大力支持，他们提供了大量精美图片。

厚重浩繁的中华优秀传统文化穿越几千年的岁月沧桑，绵延至今而不衰，有赖于古今无数有识之士的发掘和传承。文明的薪火世代相传，永不熄灭。

# 丛书序言

很高兴参与“图说中华优秀传统文化丛书”的编辑、出版工作。出版过程是漫长的，但对于我来说，只有兴奋，没有厌烦与抱怨，因为这毕竟是自己一直喜欢做的事情！文化是一个国家、一个民族的精神家园，体现着一个国家、一个民族的价值取向、道德规范、思想风貌及行为特征。中华民族有五千年的历史，留下了许多优秀的文化遗产。中华民族文化源远流长，是世界艺术宝库中的璀璨明珠，是中华民族的独特标识，是我们中华民族的血脉。

参与出版的过程，也是我学习和思考的过程。我对中国传统文化有几点小感悟，现拿出来与大家分享一下。

第一点：传统文化离我们很近，又离我们很远！

我们作为华夏子孙，生在中国，长在中国。五千年的传统文化，潜移默化地滋养了我们一代又一代，给每个人的骨子里都烙上了鲜明的民族烙印——中国人追求仁爱、诚信、正义、和合等核心思想理念，信奉自强不息、扶危济困、见义勇为、孝老爱亲等美德，主张求同存异、文以载道、俭约自守等人文精神。所以，传统文化离我们很近，它随时随地守候在我们身边，与我们生活在一起。

可是，如果让我们详细说一说中国传统文化，很多人马上就想到“四书五经”“诸子百家”等典籍，“仁义礼智信”等道德行为准则，但又说不出个子丑寅卯来，往往感觉“书到用时方恨少”。这就是传统文化离我们很远——多数中国人所知道的传统文化只是片断式的，不系统，我们与它有一定的距离，是既熟悉又陌生的“朋友”。

第二点：中国传统文化的外延很广。

我们还需要明白，中国传统文化外延很广，内容极其丰富。除了“四书五经”“诸子百家”等典籍和儒释道三教，还有艺术、科技、饮食、衣饰、建筑、耕作、制造等诸多内容，每项内容都有数千年的时间积淀，有着悠久的历史成色，值得我们深入考察与学习。

第三点：对中国传统优秀文化要有自信！

中华民族在近代遭受了种种磨难，鸦片战争、八国联军侵华、日本侵略等，给中国人带来巨大的肉体及精神创伤。有不少国人对自己国家的文化，对自己的民族失去了自信。一种声音出现了：西方全面领先中国，我们的文化不行了；中国落后的原因就在于传统文化，要强盛就要抛弃那些旧东西。

一些国人之所以有如此想法，根本原因在于没有正确认知中国的传统文化。中国五千年的历史文化，集聚了多少代人的智慧，远不是一些只有几百年历史的国家可比的。中国的经济、科技、文化等，曾经领先世界其他国家20多个世纪，而且形成了“中华文化圈”，日本、韩国、越南等国家都普遍受到影响。中国人如果还没有文化自信，还有哪国人应该有文化自信？听听著名学者季羡林怎么说的：“中国从本质上说是一个文化大国，最有可能对人类文明作出贡献的是中国文化，21世纪将是中国文化的世纪。”

第四点：为何学习中国优秀传统文化？

中华传统文化是数千年来老祖宗留下来的经验和智慧结晶，它来源于生活和社会，必然服务于生活和社会。对于个人来说，学习传统文化有助于树立正确的人生观、价值观，约束人性中的浮躁、贪婪、虚伪、险恶，做一个对国家、对社会、对家庭有用的人。

21世纪是竞争的世纪，是中华民族复兴的世纪。一个国家的富强，除了政治和经济，文化也是一个重要的方面。民族的复兴，首先是文化的复兴。“求木之长者，必固其根本；欲流之远者，必浚其泉源。”中华优秀传统文化是中华民族的精神命脉，是我们在激荡的世界中站稳脚跟的坚实根基。让我们守望它，传播它，践行它！

**张柏 /**

1949年生人。毕业于北京大学考古专业。曾任联合国教科文组织国际古迹遗址理事会执委、中国文物古迹保护协会理事长、世界博物馆协会亚太地区联盟主席、中国博物馆协会理事长、中国文物保护基金会理事长、国家文博专业学位委员会委员、国家文物局原副局长、全国政协第十一届委员。

主持、主编、合著、自著的论文、专著和其他方面的著作有《全国重点文物保护单位》《明清陶瓷》《中国古代陶瓷文饰》《新中国出土墓志》《中国文物地图集》《东北边疆重镇宁古塔》《三峡文物与文物保护》《中国文物古迹保护准则》《中国出土瓷器全集》《中国古建行业年鉴》等。《中国文物古迹保护准则》荣获全国文物科研一等奖，《中国出土瓷器全集》荣获全国优秀作者奖。

# 目录

第一章

## 玉器的源流

第二章

## 玉器的四大类型



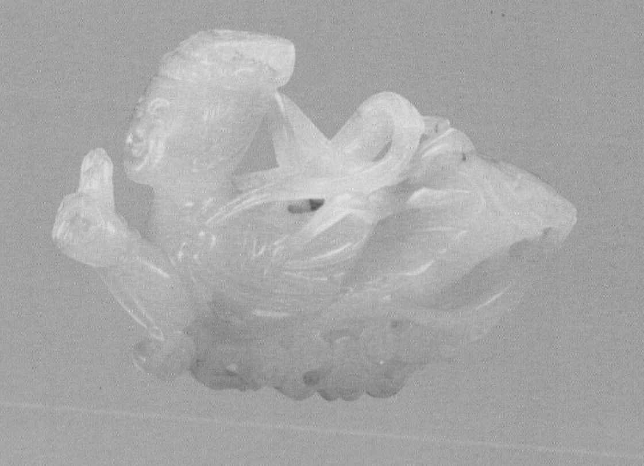

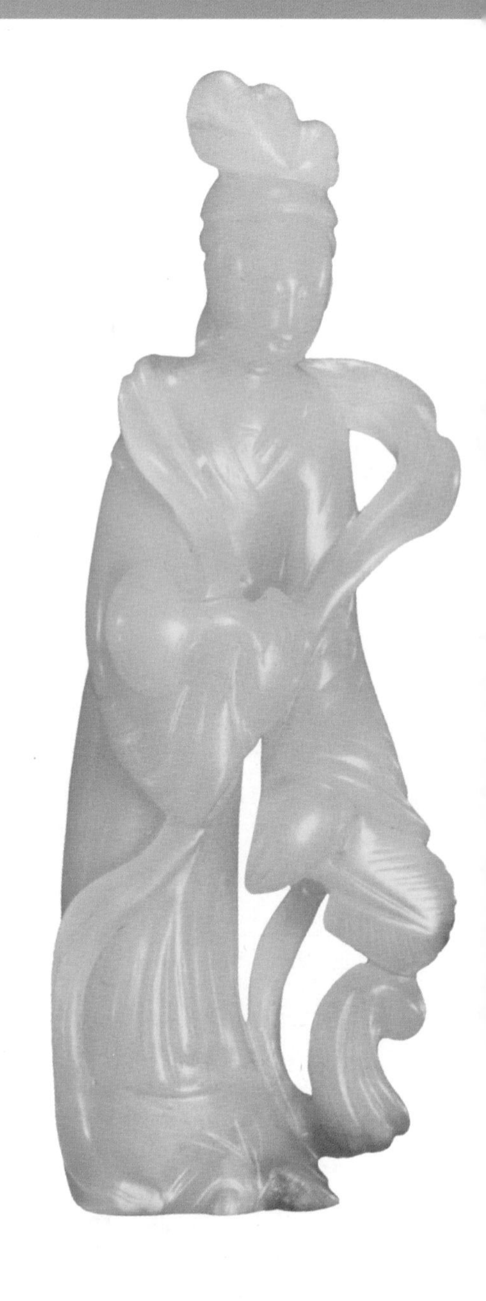

第三章

## 玉器的价值

第四章

## 玉器的保养

# 第一章 玉器的源流

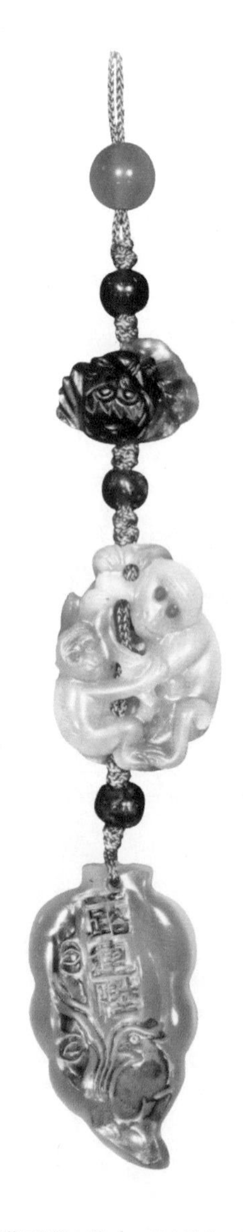

# 一 什么是玉

玉，其实就是石头，更确切地说，指一切温润而有光泽的美石。

汉代许慎在《说文解字》中给“玉”下的定义：“玉，石之美者。”认为玉器有“五德”之美，即坚韧的质地，莹润的光泽，绚丽的色彩，致密而透明的组织，舒扬致远的声音。

从矿物学的角度看，当某种美石达到一定的硬度时，便可称之为“玉”。玉器可分为软玉、硬玉两大门类。

- **软玉**

软玉属角闪石类，其主要成分是硅酸钙锰，硬度为5.6～6.5，不透明或半透明状，颜色不一，或黄或青，或白或墨。

软玉有狭义和广义之别。狭义的软玉只是指新疆和田玉。广义的软玉则包括岫岩玉、南阳玉、蓝田玉、玛瑙、琥珀、水晶、珊瑚、绿松石、青金石等其他各种传统玉器。学术界一般不将宝石、彩石纳入玉的范畴。

△ **巧作玛瑙小件（一串3件） 清乾隆**

玛瑙，苏作。三件皆巧雕，一件透白地衬黑色螃蟹，另一件乳白地子母猴背红色仙桃，母猴双目巧红，再件莹白地刻褐色莲花水鸟，留词“一路连升”。是组巧作，色美工精，设计灵显，刀工精湛，虽件头细小，方寸之间却尽显苏作精髓，令人爱不释手。

△ **玉雕兽面纹冠形器 新石器时期良渚文化**

长7.6厘米

▷ **素玉斧　新石器时代**

长10.5厘米

玉质墨绿，玉色润泽，有灰白色沁。平面作扁薄长方形。顶端磨制规整，略带弧度；边棱圆滑、平直；弧刃，双面琢磨出刃，刃部较钝。上部有一圆形穿孔，双面对钻而成。造型依就玉料，稍加琢磨修整，使其具有一种厚重、自然、古朴之感。

◁ **青玉镯　新石器时期良渚文化**

直径9.2厘米

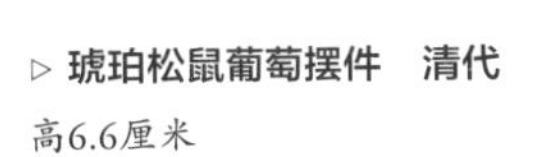

▷ **琥珀松鼠葡萄摆件　清代**

高6.6厘米

琥珀，圆雕。材质通透，色润金黄。镂空圆雕硕桃，桃体依附一串葡萄，藤叶缠绕，蜜蜂栖伏。形制自然，纹饰趣味，料材精良。

△ 巧色玛瑙多宝串（5件） 清代

◁ **天然紫水晶配镶钻石戒指**

主石直径约1.78厘米，高1.32厘米

18K白金镶嵌紫水晶戒指，硕大紫晶，柔和瑰丽，配镶钻石，立体设计，华丽大气。

◁ **超大珊瑚佛珠**

单珠直径约1厘米

▽ **天然珊瑚珠链**

镶18K白金，37颗珊瑚珠

直径约1.3厘米，项链长度约47厘米

△ 琥珀项串（108粒）

▽ **天然珊瑚珠配翡翠项链**

108颗珊瑚珠

直径约1厘米，项链长度约104厘米

**• 硬玉**

硬玉指翡翠，属辉石类，主要成分是硅酸钠铝，其硬度为7，高于软玉，故名。

翡翠原是鸟名，传说翡为赤鸟，翠为绿鸟，汉代时人们用它代指玉器。翡翠在清代中叶盛行，多从缅甸进口。

无论是软玉、硬玉，其质地都非常坚硬，颜色璀璨，故誉以“石中之王”。玉器价值本已不菲，再经过巧匠的精雕细琢，故成为千百年来人们珍爱的宝物，并形成独特的玉器文化。

△ 翡翠镂雕梅花盖瓶　清代

△ 冰种飘花手镯

直径5.6厘米

△ 翡翠手镯

直径6.0厘米

△ **翡翠螭龙笔洗　清代**

笔洗高约4.7厘米，直径约13.5厘米

缅甸老坑翡翠整雕而成，笔洗成椭圆形，平口卧足，口沿有福云如意纹，一螭龙盘在水洗外壁，螭龙龙首兽身，身形充满张力。此器包浆自然，打磨抛光精细。

△ **翡翠巧雕人物高士图山子　清代**

△ **翡翠巧雕仕女像　清代**

此仕女立像造型优美，由翡翠圆雕而成。翡翠色泽淡雅优美，质地柔腻凝润。仕女翩翩起舞，头部微前倾，头挽高髻，发髻以头圈约束，插簪带饰，发丝梳理一丝不苟。面容俊秀温婉，柳叶弯眉，细长双眼，眼睑低垂，鼻梁细长高挺，耳垂丰满。上身着宽袖低领长衫，衣边饰刻划纹，下身穿曳地长裙，衣纹飘逸流畅，如仙女般翩翩起舞。此像除雕琢工艺精湛外，其点睛之处还在两手之中俏色部位。此翡翠翠绿色最为鲜艳夺目处，为阳绿色。可见雕刻工艺之高超，乃清代翡翠雕刻之精品。

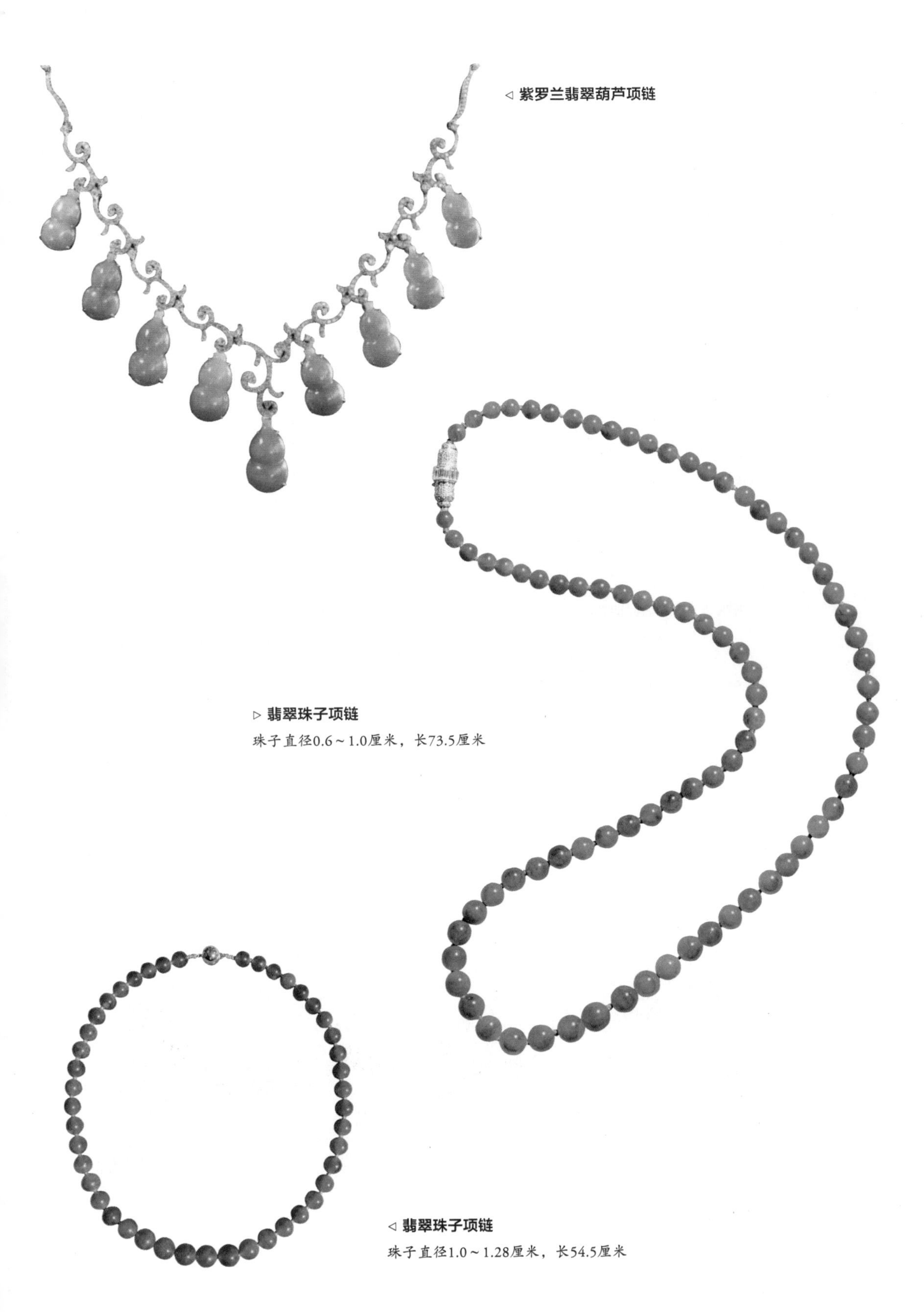

◁ **紫罗兰翡翠葫芦项链**

▷ **翡翠珠子项链**

珠子直径0.6～1.0厘米，长73.5厘米

◁ **翡翠珠子项链**

珠子直径1.0～1.28厘米，长54.5厘米

# 二 玉器的起源

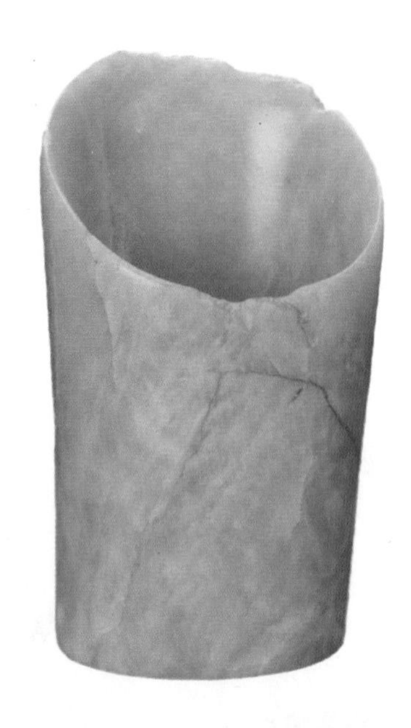

△ **古玉马蹄形器　新石器时期红山文化**

高14厘米，底径7.8厘米

玉质青中泛白，裂纹处可见褐色沁。整器为椭圆形筒状，上大下小，两端口径不一，下端平齐，上端斜撇为斜坡形，故称为马蹄形器。器体光素无纹，琢磨光润，口缘均磨成钝刃状，是典型的红山文化玉器。马蹄形器是红山文化最具代表性的玉器造型之一。

中国的玉器文化源远流长，积淀浑厚，可以追溯到原始社会新石器时代。

发现的最古老的玉器是距今8200年的兴隆洼文化墓葬出土的一对白玉玦，制作工艺带有一定的原始性，但已达到比较精良的水平。

或许，那时的原始先民在选石制器过程中，发现玉器之美，便有意识地把它拣出来，制成装饰品，打扮自己，美化生活，从而揭开了中国玉文化的序幕。

中国最早的角闪石玉，出土于约公元前6000年的辽宁查海文化。查海文化玉器现已出土8件，其中7件是透闪石软玉，1件是阳起石软玉，但并不是一块材料。

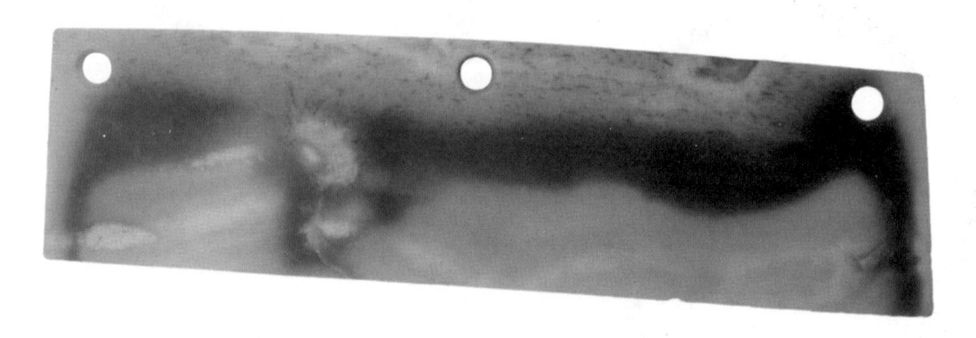

△ **玉刀　新石器时期齐家文化**

长30厘米

△ **矮玉琮　新石器时期良渚文化**

高4.7厘米

玉呈斑驳棕色，夹杂青灰色。四角刻小眼及大眼神面两层，眼眉鼻口皆有纤细花纹，琢工上乘。上下对穿打孔，为标准良渚文化型玉琮。

△ **古玉兽面纹琮形管良渚文化**

高2.8厘米

器呈鸡骨白色，有褐色沁。长圆柱形，形似玉琮，上下对钻圆孔。表面由一宽凹弦纹分为上下两节，纹饰相同。纹饰为简化的兽面纹，重环眼，椭圆形眼睑，眉心用阴刻线表示褶皱，宽鼻，阔口。浅浮雕和阴刻线结合使用，造型古朴凝重。兽面纹琮形管是良渚文化极富代表性的玉器之一。

△ **古玉刻兽面纹饰　新石器时期良渚文化**

长5.7厘米，宽3.7厘米，高0.7厘米

青黄玉质，表面满布鸡骨白色，有褐色沁。片状，长方形。正反两面都为头戴尖冠，同心圆组成的大耳，怒目圆睁，眉心饰云纹，宽鼻、阔口的兽面纹，纹饰均为细阴刻线雕出。一长边上有片状工具切割玉料时留下的一道凹槽。

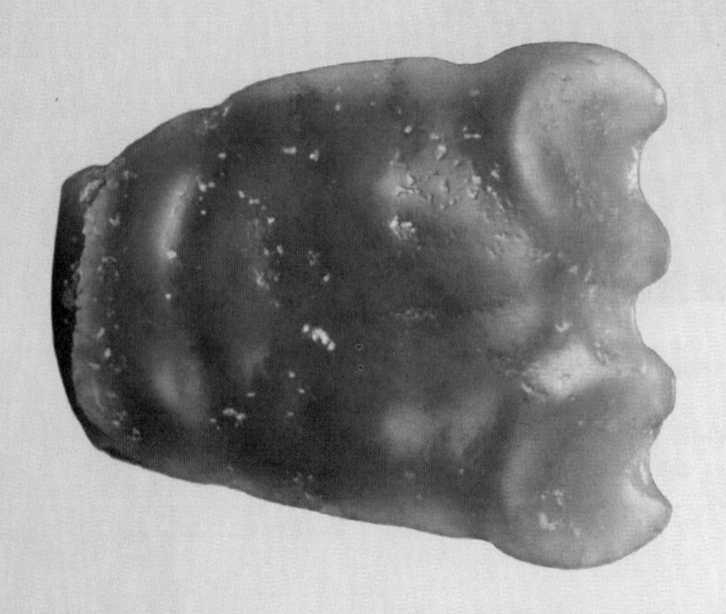

△ **古玉兽面佩红山文化**

宽4.1厘米，长4.9厘米

玉质青碧，质感润泽，局部带有灰白色沁，兽面状。正面为浅浮雕，弯月状双耳，依稀可见隆额、双突目、宽鼻、阔口；背面上端切割而出的一凸棱，凸棱上可见桯钻而成的两圆孔，系佩戴之用。此配饰雕刻手法粗犷、简练，造型抽象。

在距今四五千年前的新石器时代中晚期，中国玉文化之光到处闪耀。当时琢玉已从制石行业分离出来，成为独立的手工业分支。在太湖流域的良渚文化及辽河流域的红山文化中出土了大量的原始玉器，书写了中国玉文化的旖旎篇章。从此玉器不再单是用作饰品和辟邪，也是祭天祀地，祈求永生的手段，更是王权、财富与阶级等级的象征。

如今，玉器已成为世人收藏、投资理财的重要对象。原因是玉器是美的载体，艺术的载体，更是中国人心目中瑰丽、高尚、坚贞、圣洁的精神载体。玉器值得世人拥有和欣赏。

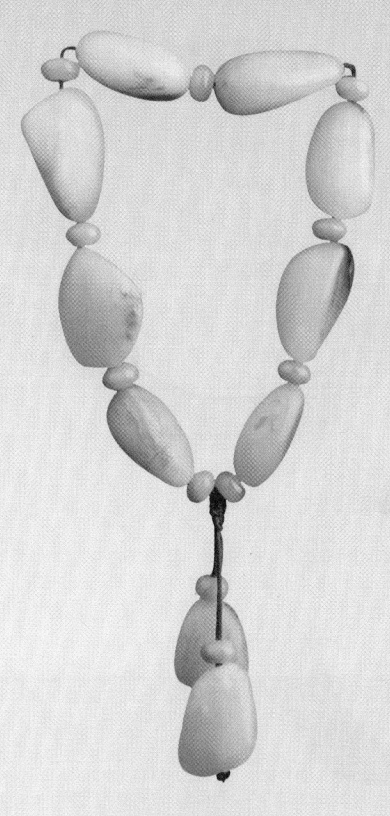

△ **和田俏色籽玉手链**

10件俏色和田籽玉，重78.9克

# 三
# 玉器的种类

凡是玉器玩家，或刚刚入门者，应对玉器的种类有较清晰的认知。玉器的种类有多种划分方法，具体如下。

**• 按产地分**

最流行的玉器分类，就是按产地分类。人们口中常说的某种玉材，往往也是按产地来称呼的。

中国是玉器大国，玉材蕴藏量在世界上名列前茅。既有可追溯到原始社会的玉器产地，也有新发现的产地。具体来讲，有天山玉、重阳玉、梅岭玉、西藏玉、崂山海底玉、梅花玉、四川龙溪玉、京黄玉、安绿玉、金山玉等若干种。

**• 按玉器料环境分类**

按玉料产地环境形成的特色，可划分为：

**山料**：采集于原生软玉矿山，矿脉一般均匀分布在雪线以上，各种玉料均有，羊脂玉仅部分产出，脉体边缘部分逐渐过渡为大理岩。

**山流水料**：距原生软玉矿体不远的沟谷之中，有冰碛、残坡碛、洪水屯碛，外形角砾状，块度大小不一。

**籽料**：形成于河流中的沙砾矿床，矿体受风化、冰川冲蚀、雨水冲刷等影响，散碎、产生浑圆化磨蚀，软质部分磨去，留下坚韧部分，玉器成圆滑卵石状，与沙砾共存。籽料中以羊脂玉最名贵。

△ **和田红皮籽玉金包银罗汉**

长9.1厘米，宽5.6厘米，高5.0厘米，重365.3克

▷ **和田羊脂籽料手镯**

直径7.7厘米，宽2.0厘米，重110.1克

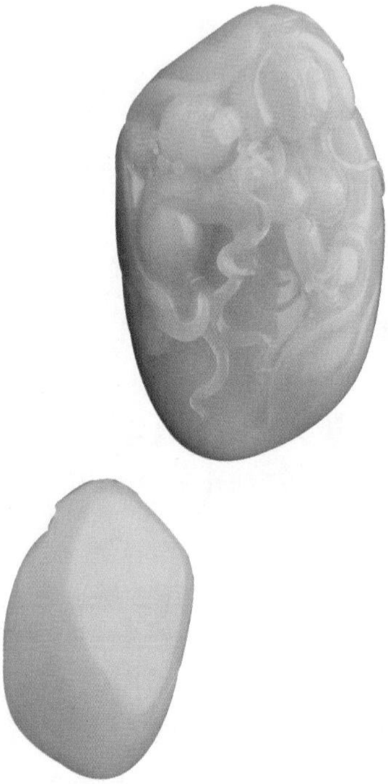

△ **和田俏色籽玉母子情深把件**

长5.8厘米，宽3.7厘米，高2.3厘米，重87.2克

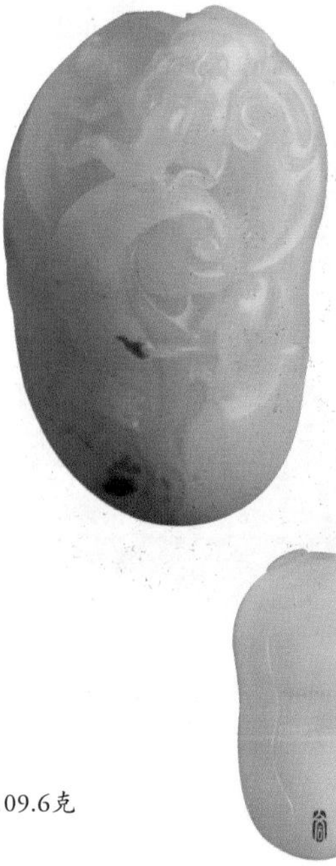

▷ **和田俏色羊脂籽玉财神把件**

长6.5厘米，宽4.0厘米，高2.5厘米，重109.6克

△ **和田红皮籽玉手镯**

手镯直径7.6厘米，宽2.1厘米，重106.3克

材质：和田籽料

△ **白玉龙纹佩 东汉**

长5.5厘米

## • 按颜色分类

不同的岩石，形成不同的玉色。中国民间，对软玉的命名通常是以颜色和形象描述命名，即颜色归纳分类法。按颜色分类，玉主要有白玉、墨玉、黄玉、青玉、青白玉、糖玉、花玉、红玉、绿玉髓、光玉髓、粉翠、雅翠、翡翠。

◁ **和田白玉狮子 东汉**

高3.8厘米

玉带原生瑕斑，狮子作跨步行走状，头上背上带籽玉。瑕壳，为古代和田玉籽琢成。一般常见的汉玉动物多为有翼。此兽无翼，应为狮子原型。东汉章帝时西域已有狮子进贡朝廷。

▷ **黄玉雕凤纹镇纸　元代/明代**

长7.5厘米

此纸镇即以上乘黄玉圆雕而成，质地温润，色如蒸栗。凤纹线条优美流畅，气韵仿古。

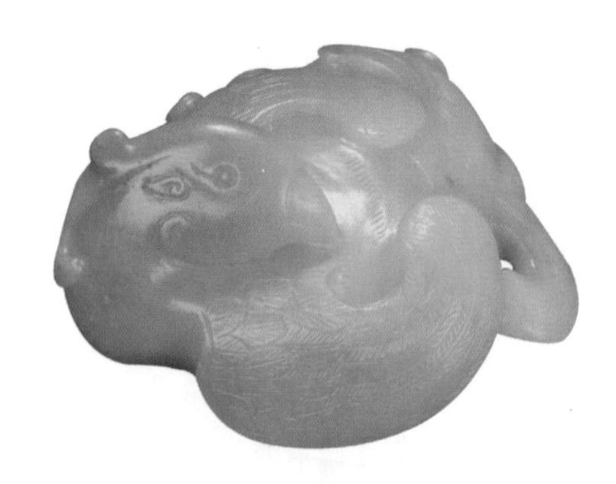

◁ **青玉瑞狮　明代**

长10.1厘米

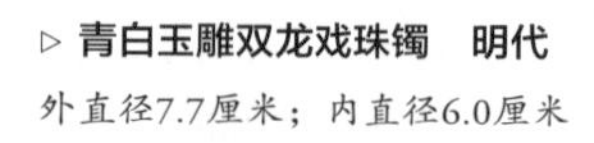

▷ **青白玉雕双龙戏珠镯　明代**

外直径7.7厘米；内直径6.0厘米

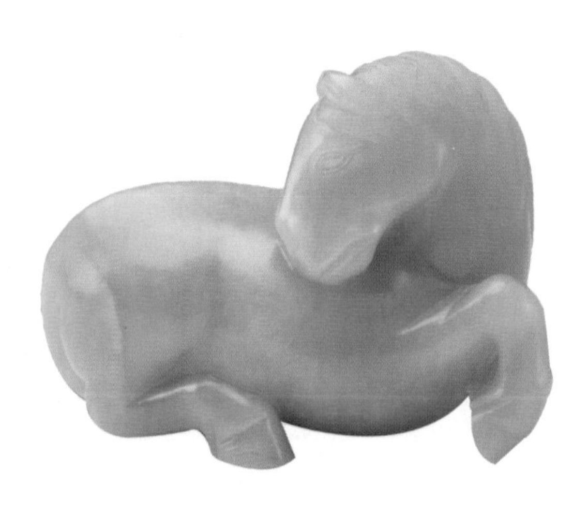

◁ **青白玉雕回首马摆件　明代**

高5.5厘米

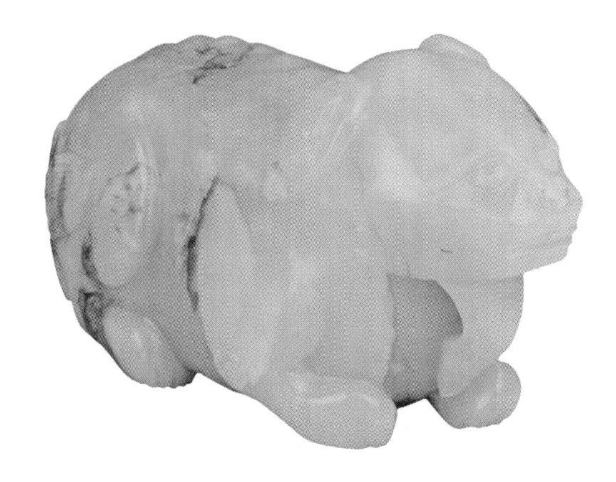

△ **青玉带皮瑞兽　明代**
宽7厘米

△ **青玉璧　明代**
直径13厘米

▷ **黄玉卧马　明代**
长8.1厘米

◁ **墨玉山水人物山子　清代**
高8.5厘米

山水人物山子，以墨玉制成，玉质莹润，微微泛灰，整体随形雕琢山子，利用俏色雕刻人物、树木等，采用圆雕，镂雕等技法精心雕琢而成。整体刻画精美细致，琢磨圆润，山水人物景致高远，为清代文房陈设佳品。

# 四 玉器的作用

中国的玉器文化有上万年的历史，从原始社会最初的认知玉器的物理性质，逐渐发展衍生出玉器的诸多社会内涵、人文气质。玉器与人类的生活息息相关，具有如下作用。

△ **白玉扳指　清代**
内直径2.2厘米

**• 装饰之美**

“玉带五彩，千金难买。”玉器有五彩之色，随着人类社会审美情趣的发展，玉器被制成大量的装饰品，如冠饰、玉簪、玉朝珠、玉镯、玉项链、玉耳坠、玉扳指等；用于装饰环境、美化生活的如玉屏风、玉如意、玉盆景等。直至今天，玉的装饰性仍受追捧。

△ **白玉镯（一对）　清代**
直径8.5厘米

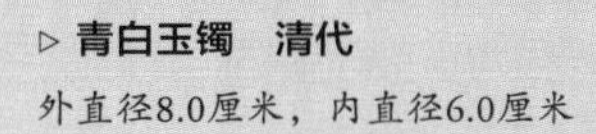

▷ **青白玉镯　清代**

外直径8.0厘米，内直径6.0厘米

◁ **白玉手镯　清代**

内直径6厘米

▷ **白玉手镯　清代**

内直径5.7厘米

**• 祭祀天地**

古代祭祀天地时，会用到玉礼器。玉礼器有一定的规格和使用方法。例如，用苍璧祭天，是因为天是圆的，又是苍色（青色）的缘故；用黄琮祀地，是因为地是黄而方的。古人以玉的颜色和形制，配合阴阳五行之说，用以祭祀天地。

△ **白玉诗文璧　清代**

直径5厘米

玉璧取材于白玉，环形，中心镂雕如意云纹，璧正面抛光，阴刻诗文“载瑞合祥，沁吾心房。携此玉暖，灵转芬芳。”落款“莲境使者铭”“世三”。璧质地晶莹润泽，洁白匀净，雕工细腻，打磨光滑，造型规整简洁，字体端庄大方，题材清雅，颇有意趣。

▷ **白玉镂雕长宜子孙出沿双夔首玉璧佩件　清乾隆**

长11.2厘米

玉璧上镂夔凤纹及镂雕篆书：“长宜子孙”，璧上端出沿，镂刻双夔凤顶如意云纹，镂孔可供系绳悬挂。

### • 辟邪护身

玉器被人视为通灵之物，自古就有避邪护身之用。故《红楼梦》中贾宝玉从小佩戴一块通灵宝玉。玉器的镇宅之物常有玉观音、玉屏风、玉兽、玉瓶等。

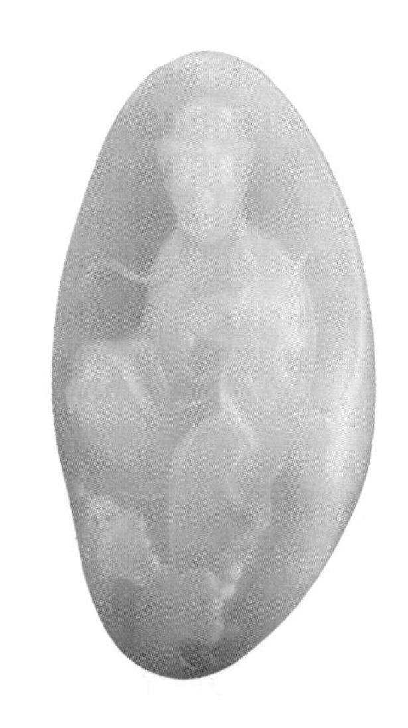

△ **和田俏色籽玉观音把件**
长6.1厘米，宽3.4厘米，高1.9厘米，重56.2克

◁ **白玉雕双龙赶珠纹双耳瓶　清乾隆**
高13.5厘米

▷ **白玉素身活环象耳瓶　清乾隆**
高19厘米

◁ **和田籽料玉观音　清代**
高10厘米

**• 殓葬用品**

古人死后，一般都会随葬一些物品，玉器是其中一种。玉器随葬，一是用于保存尸身，防尸身不腐，晋葛洪《抱朴子》云：“金玉在九窍，则死者为之不朽”；二是彰显死者身份的高贵，毕竟穷人用玉器陪葬的很少见。用于殓葬的玉器主要有玉衣、玉塞、玉琀、玉握等。

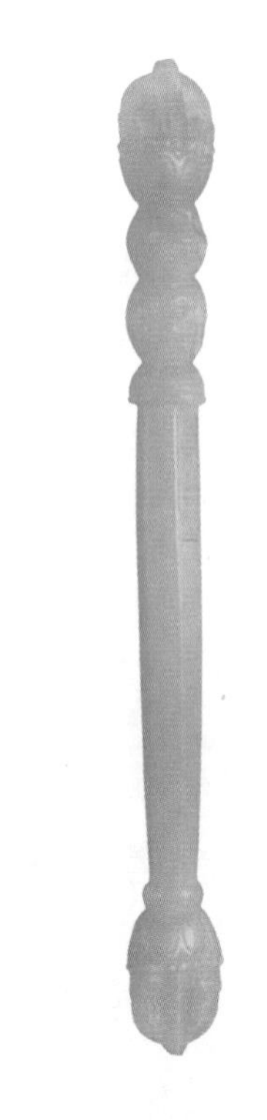

△ **白玉三钴金刚杵　明代**
长13.5厘米

**• 沟通的载体**

玉器是馈赠的佳品，用于增加人与人之间的情感交流，不同的玉器含义不同。例如，刘邦赶赴鸿门宴，分别送项羽、范增白璧和玉斗两件玉器。白璧和玉斗两件玉器，它们各有内涵：玉斗象征财富、长寿、吉祥如意；白璧则象征地位尊贵，高高在上。

今天，祝贺亲朋好友生子，有人也会赠送玉器。

**• 供投资理财**

玉器原本稀有，本身具有一定的价值；如若是集艺术、历史、文物等价值于一体的古玉，收藏价值更高，故可供人投资理财之用。

以玉投资理财古已有之，近些年来，随着人们生活水平的提高，投资玉器更是收藏界的一大热门。

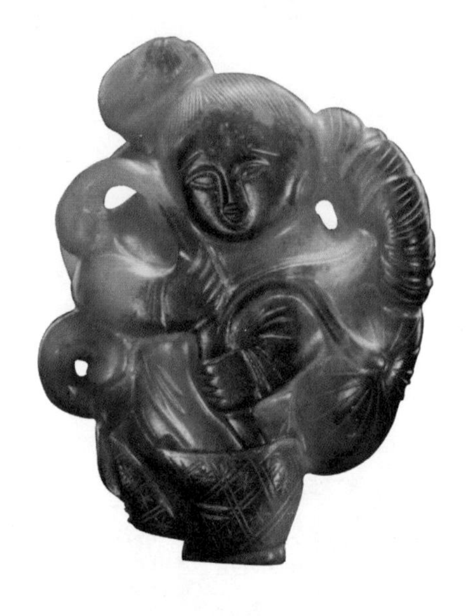

△ **旧玉持莲童子　明代**
高6.2厘米

**• 彰显身份、地位、财富**

玉器自古以来就是权力、地位、财富的象征。玉器出现的早期，是只供皇家贵族士大夫拥有的专属品，“玉”象征着权贵，是高贵的化身；普通平民，对玉的拥用只是一奢望。

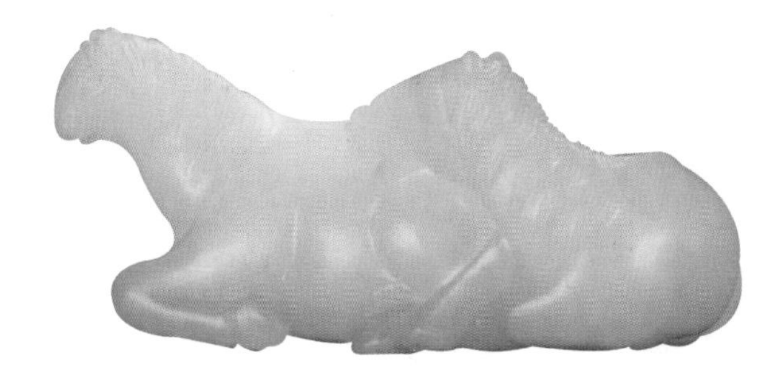

◁ **白玉双马　明代**

长6.5厘米

▷ **青白玉洋洋得意摆件　明代**

长7厘米

△ **白玉雕人物山子　明代**

长15厘米

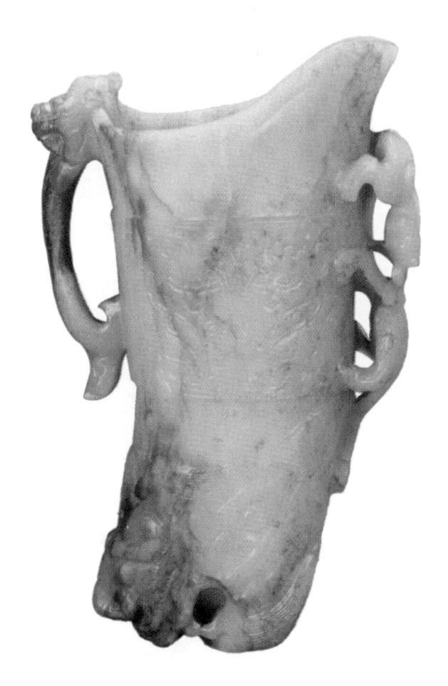

△ **玉雕螭龙觥　明代**

高17厘米

◁ **白玉雕三阳开泰纹摆件　清乾隆**

长10厘米

△ **白玉雕父子同禄纹摆件　清乾隆**

长16.5厘米

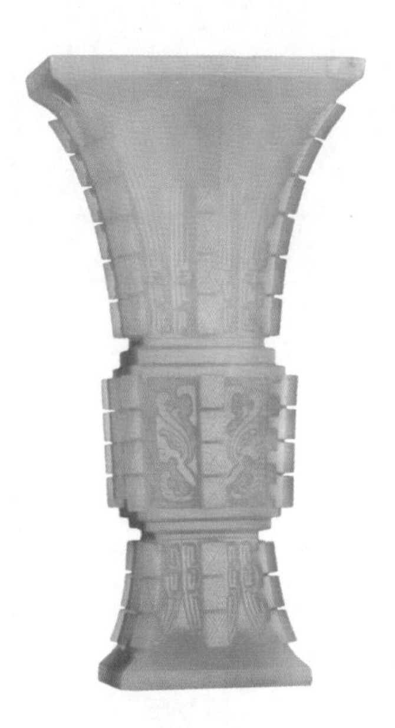

△ **白玉雕饕餮纹出戟觚　清乾隆**

高18.3厘米

▷ **黄玉雕三螭龙纹扁瓶　清乾隆**

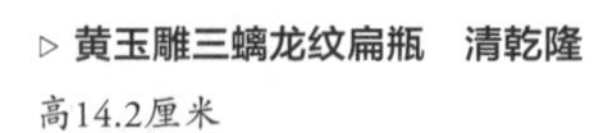

高14.2厘米

此瓶即为黄玉质，温厚细润，留有大面积天然皮色，颜色祥瑞；其为敞口，束颈，丰肩，直壁下敛。瓶身以浮雕加圆雕之法饰三只螭龙蟠伏其上，形态各异；瓶身打磨光滑，天然去雕饰，体现玉材之美。

◁ **灰青玉观鹅图山子　清乾隆**
高17.5厘米

△ **白玉薄雕西番莲纹耳杯　清乾隆**
直径10.5厘米

△ **白玉饕餮纹铺首衔环瓶　清乾隆**
高20.4厘米

△ **碧玉雕西园雅集图笔筒　清乾隆**
高17厘米

- **喻君子之德**

玉器在国人眼中，象征君子的精神内涵。孔子在《礼记》中说，“君子比德于玉”，提出玉的仁、智、义、礼、乐、忠、信、天、地、德、道等十一德，这些观念逐步为社会所接受，成为古人为人处世的标准，成为人们的精神支柱。

在玉德的基础上，又衍生出气质、气节等人文内涵，如今天人们常说的“宁为玉碎，不为瓦全”“冰清玉洁”。

古人辨玉，首先看重的是玉所寓意的美德，然后才是美玉本身所具有的天然色泽和纹理。这种首德而次质说，使得玉由单纯的饰佩变为实用、审美与修养三位一体的伦理人格风范的标志。

- **赏玩展览**

作为观赏玩物的玉器，自商周以来就有许多，小的圆雕大多为玩赏品。

文物局、博物馆等收藏大量的出土古玉，展览供世人欣赏，或促进国家间的文化交流。如2014年10月21日，为庆祝中法建交50周年，中国国家文物局在法国吉美博物馆举办“汉风——中国汉代文物展”，楚王墓出土的金缕玉衣成为展品之一。

# 五 中国玉器的发展

中国的玉器文化是华夏文明的一部分。玉器经历数千年的继承和发展，数目从少到多，造型从单一到丰富，艺术风格更是多种多样，体现了玉器的生命力。在各个历史发展阶段，玉器都出现了不同以往的新面貌，呈现出各异的进化状态。

## 1 新石器时期玉器的发展

新石器时代，是指从考古陶器出现开始一直到青铜器问世为止的一大段历史时代。我国古代人类大约是在距今1万年进入到新石器时代的。新石器时代玉器遗存几乎遍布全国各地，较多地集中于四大地域：一是辽河流域，二是黄河中下游流域，三是长江中下游流域，四是东南沿海地区。其共同特征如下。

- **玉器就地取材**

新石器时代所用玉材均为就地采取，不会是远距离搬运而来的，故尚未进入以和田玉为主流的时代。

玉材有透闪石、阳起石、蛇纹岩等，还有玛瑙、水晶、绿松石及各种纹石。

- **加工工艺原始**

治玉大多是用磨制石器的工艺技术，如锯料、画样、磨、雕、钻孔等技术，较少地使用镂空工艺（属于琢玉工艺）。玉器基本上没有使用抛光。

新石器后期，出现了专业化的磨玉作坊，从石工中分化出了第一代专业化的玉工，玉器工艺真正分化到来。

- **玉器造型简单**

玉器器形受制于当时的生产工具，多为对自然界动、植物的模仿。直方、圆曲、圆方结合，肖生四系均已齐备；晚期还制造了较多的工具、武器类玉器。造型一般比较简单，蜕变的痕迹较明显。肖生玉造型多经抽象化、示意性的简单变形。

- **图案突显眼睛**

新石器时代玉器元素无纹者较多，图案题材有面纹（人面纹、兽面纹）和神徽等。面纹有多种形式，变化较大，但无一例外地夸大眼睛，外形为斜立的卵形。

图案雕工分为阴刻、阳线、平凸、隐起、起突、镂空等做工，往往一图案采用两种以上的做工，使其有所变化。

- **各地的玉器差异明显**

玉器艺术的地方风格极为鲜明，如南、北、东、西各地域的风格迥然不同，并保持着各自的相对稳定性，这是受生产力低下，文化互相交流不够所约束的。

- **玉器占主导地位**

最初玉器是实用器物，与普通石头制作而成的石刀、石斧等是一样的，用于日常生活；后来随着原始人类审美情趣的发展，用玉器装饰自己；再后来，玉器被人类视为具有超现实力量的“神物”，被当作神的载体或神而受到崇拜祭祀。因此，玉器在社会文化生活中占据主导地位。

## 2 夏、商、西周玉器的发展

夏、商、周三代属于奴隶社会阶段，青铜取代石，成为制造工具、兵器的主要材料，成为社会的主导，故玉器地位下降，不再单独发展，屈从于青铜器。该时代玉器的具体特征如下。

- **材质好、做工细**

玉材优越，和田玉占有相当大的比例，其他玉材为辅。做工精良，已使用青铜砣具琢磨，所勾线刻均较硬直、刚劲，少有板滞。制作时相材施艺，据料赋形，使玉器兼得材料与雕琢之美。该设计手法在奴隶社会普遍应用，并成为玉器艺术创作的传统，延续至今。

- **佩玉占多数**

用于装饰的玉器超过半数，尤其发展到西周阶段，佩玉盛行，如玉璜。出现“玉德”之说，把玉赋予君子之德，故人多佩戴玉器，玉器器件较大，整套玉佩长可过膝。

- **图案刻画夸张**

肖生玉器占有很大比重，神采奕奕。食肉类动物阔口露齿，狰狞凶猛而富有阳刚之气；鸟则强调其冠羽和勾喙，颇有妩媚之美，头部放大，身部比例缩小，以流畅的双勾阴线饰其细部。

玉人以象征手法夸大头部，强调五官，旨以眼传神，不求形似，多作“臣”字眼形，钻圆圈眼瞳。

- **线条处理得当**

玉器线条普遍采用拟阳线手法，即双勾阴线雕饰细部，或磨双勾阴线外侧，使其向外偏坡，再磨去内线边，令其略呈圆弧状，给人造成阳线的错觉。同时还使用单阴线刻饰，背面细部也有只用阴线雕饰图案。可以说，夏、商、西周玉器是线的艺术。

- **纹饰独特**

商、西周玉器纹饰大多模仿青铜器上的纹饰，如兽面纹、夔龙纹、夔凤纹及回纹、云纹等。但相比青铜器，玉器上的纹饰较简单。

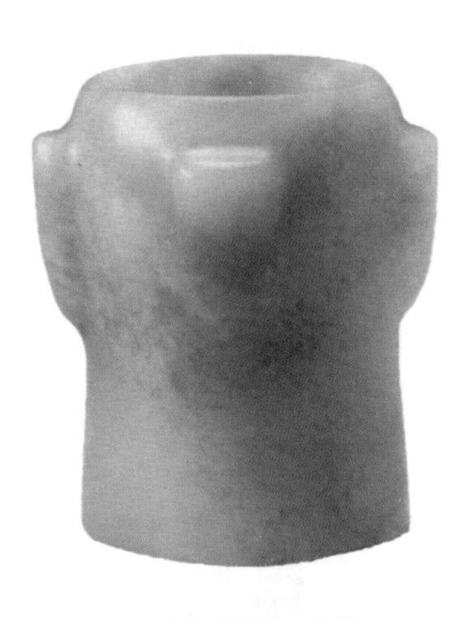

△ **白玉蝉纹琮　商代**

高5厘米

- **风格统一**

玉器艺术出现了模式化、定型化做工和统一的时代风格，似乎不分南北东西，各地玉器均处于同一的王室玉器模式之中，有着相同的时代格调。

- **俏色玉器获得发展**

俏色玉器获得发展。俏色是指对多彩玉器和玉中色斑的巧妙运用而获得多彩、生动的艺术效果。如安阳市小屯北地11号房址出土的俏色玉鳖，巧妙地利用原玉材的二层色，以黑色玉层作背甲，头、颈、腹为青白色。

△ **灰白玉牛　商代**

高2厘米

◁ **古玉戈　商代**

长18厘米，宽7.1厘米

玉质墨绿，夹有黄色斑，色泽晶莹，器身多红褐色沁。上有一大一小两穿；三角援上刃平直，一侧刃微微下凹，钝刃；锋呈三角状；援中起脊，脊两侧形成浅凹槽；阑为减地雕出的一道宽凸弦纹；援后端近阑处有一圆形穿孔。素面无纹。

△ **古玉鸟形佩　商代**

高2.2厘米，长4.5厘米

青白玉质，玉色润泽，半透明，有黄褐色沁。片状。阴刻单线雕刻出圆目，短尖喙，双足附于腹前，双翼下垂，长尾上翘状；鸟背上歧出一云团状齿；尾末端平直，外撇，中间有一小缺口。其上有一圆形小孔，用以佩戴。造型古朴，刀法简练传神，寥寥数刀，形神兼备。

◁ **玉琮　商代**

高9.0厘米，直径7.5厘米

玉质墨绿，色泽温润。圆柱形，内圆外方。短射，射部采用去角为圆法琢磨而成，可见明显的加工痕迹。中间圆孔对钻而成，孔壁研磨光滑。器表抛光，光素无纹。造型古朴自然，棱角分明，琢磨精致，是商代玉琮中之美品。

▷ **古玉柄形佩（一对）　西周**

玉质颜色青中带白，质感明净润泽，为典型的青白玉质，器表光洁。一对两件，造型风格相同。片状，近似长方形。柄首作不规则盝顶形，器柄内收略窄，器身由宽渐窄、顶端磨成斜刃状。柄首顶端、器柄与器身分界处各饰一道凹弦纹，器柄饰两道凸弦纹。器柄一侧钻有一孔，可能是用于佩戴。玉柄形器是商周时期常见的器物，此对玉柄形佩是西周时期同类器物中的精品。

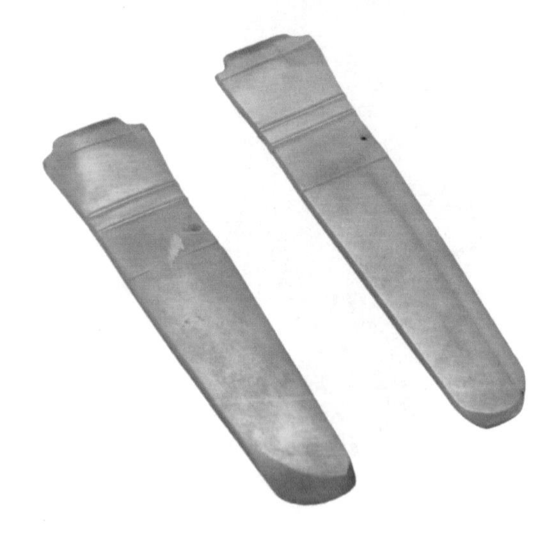

◁ **白玉牛　西周**

长5.5厘米

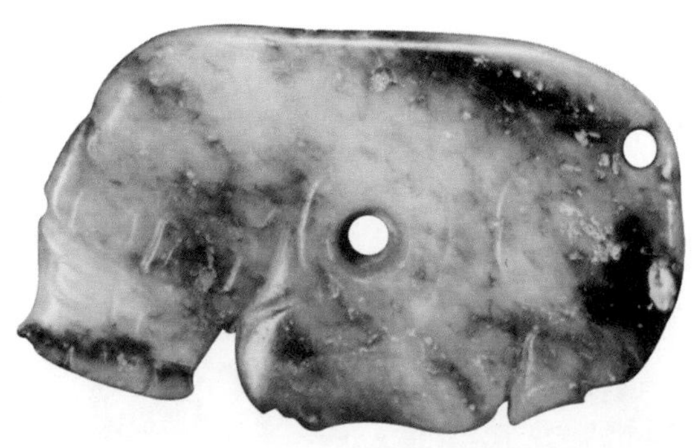

△ **玉牛佩　西周**

长5.5厘米

◁ **玉鸟形佩　西周**

宽3.8厘米，高10厘米

玉质青黄，色泽温润，局部有灰白色沁。长扁体，造型为一鸟展翅飞翔状。鸟首作桃形，尖喙，颈部内收，双翅展开、中间有一缺、翅尖勾转尖锐，长尾下垂、尾末端分开向两边外撇；中间起脊。正面双阴线雕刻“回”字形双眼和勾云纹，背面单阴线雕刻纹样；颈部正面饰三条反面两条凹弦纹。鸟首双面对钻一圆形穿孔，用于佩戴。器身打磨光滑，造型生动。

▷ **黄玉璇玑　西周**

直径13厘米

玉质青黄，多褐色沁斑。片状，出戟环形。中间为一大圆孔，环外缘等距雕出三个形制相同、每一宽齿的背上各雕出形状相同、等距分布的一组小齿牙，一组4个、两两形状形同而方向相反。该器制作规整，全素无纹。整器呈现出一种灵动之感，诚为同类玉器中之上乘之作。

△ **古玉璜　西周**

▷ **古玉璧　西周**

直径16厘米

白玉泛浅黄色，有褐、黄色色斑。圆形，整器厚重。为了充分利用玉料，使器形有些地方显得并不圆整。全器素面无纹，内孔留有明显的加工痕迹，可判断为单面管钻而成。据文献记载，玉璧是古代用来祭祀上天的重要礼器。

◁ **盾形玉饰　西周**

高3厘米

玉质青白，有红褐色沁。片状，盾形，上端雕琢成“山”字形。表面用阴刻双线雕刻云纹，沿边缘阴刻双线勾勒出轮廓，棱角分明。

▷ **玉兽面纹饰　西周**

高3.1厘米

兽面纹饰青中泛黄，局部黄色沁斑，兽面造型抽象，四方双角硕大，双目近于菱形，鼻似蒜头。兽面纹饰、玉色均与时代特征相符。

◁ **古玉鸟　西周**

长6.5厘米，高6厘米

玉质青中泛黄，局部可见黄色、灰白色沁。圆雕，俯卧状。鸟首平视，圆头，勾喙，鼓胸，两翼收拢，翅尖上翘，双足伏地，垂尾，尾端分开外撇，一侧着地。浅浮雕双翅，用阴刻线纹勾勒出羽毛层次。造型古朴，形态逼真，为西周玉鸟之代表性形象。

## 3 春秋战国玉器的发展

春秋战国（前770年—前221年）是中国历史上的动荡时期，七国争雄，外族入侵。该时期各地诸侯均制作玉器，故存世数量颇丰。具体特征如下。

△ **白玉环　春秋**

直径9.5厘米

- **玉材上乘**

战国七雄对玉料的要求很高，所用玉料大多来自和田，质坚细腻，光泽强烈，反射出玻璃光。

- **艺术风格有突破**

玉器的造型不论直方圆曲，都是以斜线或缺口破之，或附加对称的镂空勾连饰，或打破对称格局，采取不同纹饰的相对等量的镂空装饰。

玉器图案中兽面纹极少，出现变相夔龙首纹、蟠虺纹、涡纹等。与西周相比，在象征主义手法方面有一些变化，将形象分解，取其局部加以变化，再经组合，使图案结构细密、精巧而富有新意。

线面处理上采用阴线、双阴线以及隐起或隐起加阴线等手法。单、双阴线细劲流畅，隐起之起伏圆润柔和，磨工、抛光均十分精致。

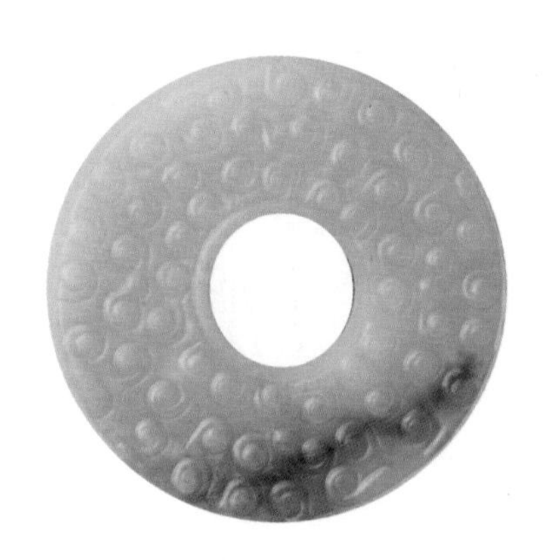

△ **白玉勾连纹璧　战国**

直径4.6厘米

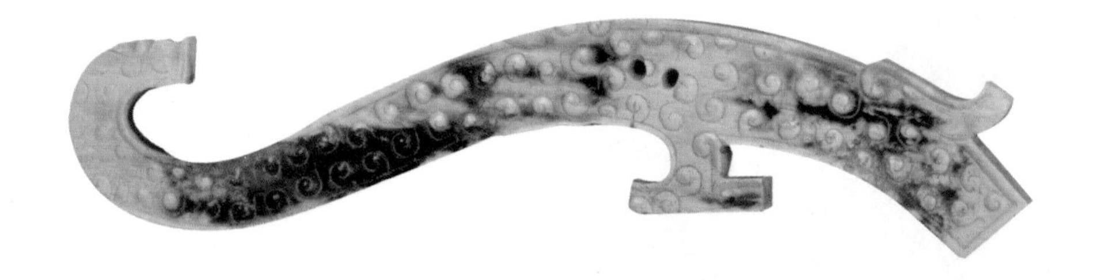

△ **古玉龙形带钩　战国**

长16厘米

玉质墨绿，包浆鸡骨白色。片状，呈“S”形夔龙造型。夔龙已极度抽象化，头部仅见云状角出齿脊，腹下有一造型夸张的倒“T”字形足，卷尾。阴刻线沿边缘勾勒出龙体的轮廓，全身饰浅浮雕的毅纹。造型抽象，棱角分明。

◁ **白玉龙形佩　战国**

长8.4厘米

玉料为白玉，整体带鸡骨白沁，局部微带黄褐色沁斑。主体为曲身玉龙，在龙身中间部分有穿孔，以便于佩戴或悬挂，造型时代特征极为明显。

▷ **玉剑珌　战国**

高6.9厘米

剑珌玉质青白，有黄白色沁，正视为束腰倒梯形，横截面呈长菱形。两面均饰勾连云纹，雕工精细。

△ **古玉云龙佩　战国**

长8.8厘米

青白玉，玉色温润，局部有黄褐色沁。片状，龙体作蜷曲状。龙首低回，张口，斧形下巴，吻部平直，阴线雕出杏核状眼，尖状角上翘；双足伏于腹下部；腹身镂空雕出角状鳍、双足和卷云纹；尾端尖细、上卷。龙体及边缘用双阴刻线勾勒出轮廓、肌肉等。造型严谨规矩，研磨光滑，雕饰简洁华丽，极富动态之美感，是一件极为重要的艺术精品。

- **玉弄器出现**

春秋战国时，青铜器已见弄器，玉器受其影响，也出现弄器，玩赏玉器之风兴起。

- **佩玉大变**

以前佩玉很大，春秋战国时战事多发，受“胡服骑射”的影响，佩玉变小、短而俏，更便于人出行。出现新的襟钩、玉剑首、剑格等玉饰件。

- **“玉德”深化**

春秋战国礼崩乐坏，儒家的“君子比德于玉”的观念进一步发挥，具体阐明玉有十一德。该理念后深值于中国人心底，驱动人佩玉于身，代复一代。

- **使用铜铁砣**

琢玉工具，开始以锻铁造砣，比起青铜砣具在韧度上、强度上均有所提高。这为玉器工艺的提高提供了条件。

△ **白玉鸡心佩　西汉**
长4厘米

## 4 | 秦、汉、魏晋南北朝玉器的发展

公元前221年，秦朝一统天下，建立我国历史上第一个统一的封建国家。至公元前589年，分分合合，战争频仍。这一时期，玉器发展以汉代最为突出，三国、南北朝多是承袭汉代风格，只是形式略为简化，玉器的社会功能有所减弱。从秦至南北朝，玉器的特征如下。

- **玉器品种齐全**

玉文化蒸蒸日上，朝廷、贵族、官宦、富商等各阶层的日常玉用品齐全，数量庞大。如高足杯、角形杯、盒、卮等玉器，华贵典雅，高贵脱俗；铭刻玉器在汉代出现两个新品种，即体现王权的玉玺、玉刚卯。

△ **白玉龙凤纹鸡心佩　西汉**
长5厘米

△ 玉剑首　汉代
直径5厘米

汉代后期，由于战乱多发，朝廷玉佩式微，汉式艺术风格不存。

• **殓葬用玉完善**

自汉代以来，儒家文化占据主流思想地位，儒家提倡孝道、厚葬，故推动殓葬用玉达到完善地步。如中山靖王刘胜墓中，殓葬玉组合包括玉衣、玉枕、玉环、玉璧、玉圭、九窍环等。专门赶制的殓葬玉多加工粗糙，艺术上不可取。

△ 白玉卧蚕纹环　西汉
直径5.5厘米

△ 白玉乳钉纹透雕龙形璧　西汉
直径9.5厘米

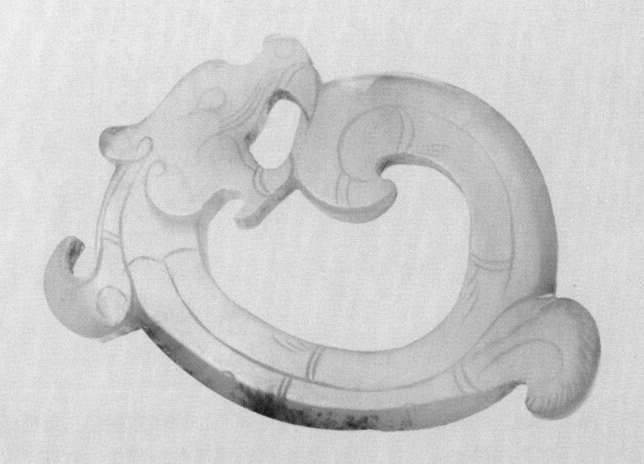
△ 白玉龙纹佩　西汉
长5.4厘米

◁ **古玉龙纹鸡心佩　东汉**

长7.5厘米，宽3.5厘米

玉质青中泛黄，表面多牙黄色斑点，偶见红色沁。扁平、心形，上尖下圆，中间有一圆形孔。两侧各镂空透雕一条龙纹，回首，龙体卷曲，饰透雕卷云纹，好似龙在云雾间游动，极具动感；龙体上饰阴线刻云纹等，延伸部分阴刻于器体表面。纹饰构图精美，雕刻技法醇熟。

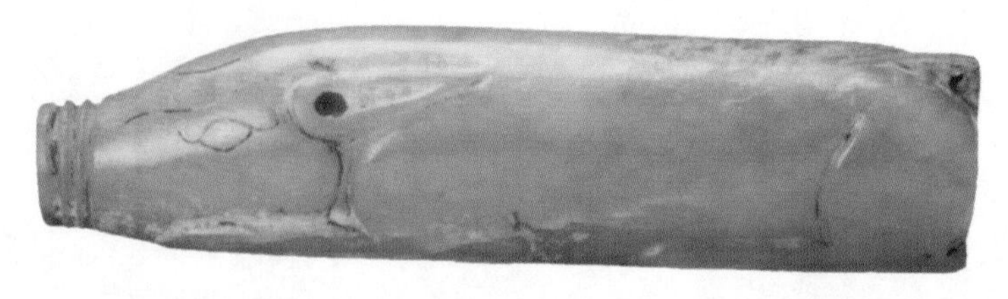

△ **白玉猪　汉代**

长9.8厘米

△ **玉蝉　汉代**

长6.5厘米

玉质洁白，华润光亮，晶莹无瑕。此蝉通体扁平，头部双目外凸，尾和双翅呈三角形锋尖。正反两面均为阴线刻饰，以寥寥数十刀压地隐起雕出头、目、背、腹、翼、尾等各个部位，俗称“汉八刀”，线条刚劲，刀法简洁。整体轮廓简朴生动，形态逼真，为典型汉代玉蝉。

△ **人物玉牌　唐代**
长5.4厘米

- **现实主义艺术风格成熟**

这一时期现实主义手法由秦朝的突出，发展至汉代的成熟。动物鹰、熊、马、猴等造型多来自于现实中的动物，无不栩栩如生，活灵活现；形象中又充满着神秘气息，不乏浪漫主义色彩。

- **工艺越发精湛**

铁器的广泛使用，使玉器制作工艺得以提高。如出土于中山靖王墓葬中的玉具剑饰完美无缺，展现了工艺的精确利落、刚劲娴熟。

- **玉佩为代表性玉器**

玉佩为这一时期的代表性玉器，汉代玉佩出现镂空的玉龙纹环、玉龙螭纹环等新组件；新型玉器则有镂空神话座屏、镂空双龙饰卧蚕纹璧、镂空双螭饰谷纹璧等，均做工精巧非常。

## 5　隋唐五代、宋、辽、金玉器的发展

△ **玉杯　唐代**
高7.3厘米

经历三百多年的南北分治后，581年隋朝复统一天下。唐代开创了中国封建社会的盛世。隋唐与外国友好往来增多，加强了各国间的文化交流，传统玉文化发生巨大的变化，五代、宋、辽、金均受唐玉影响。至1279年明朝建立，这一时期玉的发展特征如下。

- **新器具问世**

受西域于田国玉带的影响，唐宫廷出现了饰有玉銙的革带，玉銙的图案有胡人奏乐、番人进宝等外来题材。五代、宋、辽、金等沿袭玉带制度。

一些用器中出现飞天图案，飞天呈上裸、披巾、面正、侧卧之形式。一些新式杯具，如玛瑙羚羊首杯、玉八瓣、花形杯等玉杯，受西亚金银器皿的造型影响，在唐代被开发出来。

辽、金玉器的题材越发多样，富有特色，有玉熊、交颈天鹅等典型代表作。

- **艺术风格逼真**

△ **白玉独角兽钮印　宋代**
高4.8厘米

日常用玉花色、品种俱全，琢磨工艺精湛，花卉、山石、禽鸟、神兽等无不神形兼备。例如，肖生玉形象准确，神韵生动，富有现实气息。

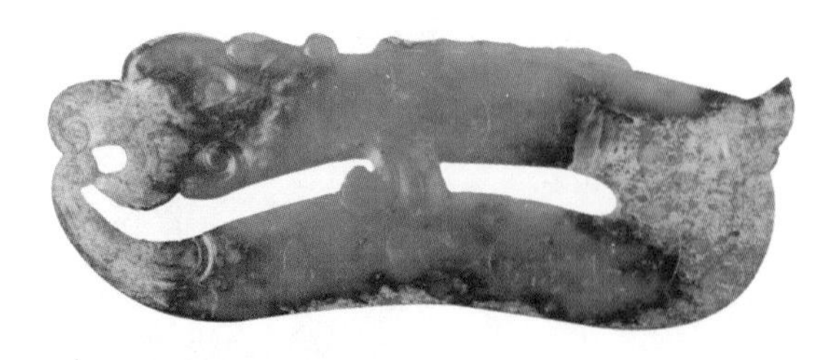

△ **古玉沁摩羯佩　宋代**

长5.7厘米

青白玉质，局部沁蚀白化，有红褐色沁斑。片状，作口衔尾样。尖下颌，卷鼻，双阴线刻双目，耳、角、须发均为减地隐起雕刻的卷云形，张口衔尾，曲身弓背，躯干呈反“C”形，卷尾。中间镂空以表现摩羯躯干造型，身体上饰单阴线雕刻的云纹；尾端用一粗一细双阴线和单阴线勾勒。造型生动，有种动态之美。

△ **白玉雕鹰熊摆件　宋代/元代**

高10.7厘米，宽9.1厘米

此摆件白玉为材，立体圆雕。一熊四肢伏地，双目圆睁，回首仰望。一老鹰站在熊背之上，单爪抓住熊背，一足抬起，双翅振振，形象生动逼真。熊双目气势毕现，鹰之翅膀雕刻入微。整体雕刻融合圆雕、线刻等多种技法，将动态的瞬间精巧地把握，栩栩如生地刻画而出，同时又不失庄严肃穆之感。

△ **青玉龙形佩　宋代**

长19厘米，宽7厘米

玉质青黄，质感温润，器表满布红褐色沁。体扁平，以镂空、浅浮雕加阴线刻琢出首尾相顾状玉龙。龙口怒张，伸舌，上卷鼻，阴线刻出眼睛，云形耳，毛发后飘，身体上浮雕数个扁平乳突，体外侧饰浅浮雕云纹，龙尾上满饰细阴线。首尾之间饰浅浮雕云彩。该龙形佩的造型和雕刻技法都极具宋代之特征。

△ **褐白玉骆驼把件　宋代/明代**

长7厘米

△ 玉腾龙戏珠纹碗　辽代/元代

直径15.3厘米

△ 旧玉璧　元代

直径27.5厘米

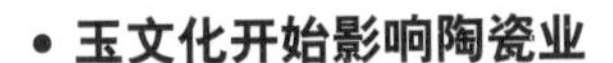

- **玉文化开始影响陶瓷业**

玉的文化审美用于瓷器，如陆羽的《茶经》评越窑瓷器时，指出其彩色“类玉”“类冰”。

- **全景式玉雕问世**

至宋代时，玉雕已发展成为雕塑艺术的一个分支，出现“玉图画”全景式构图的人物山水玉雕。

- **玉器买卖火爆**

隋唐推动玉文化的市庶化，喜庆节日多使用金银犀玉，故而推动了玉器的买卖。至宋朝时出现了古玩店，如“七宝社”，专门经营玉带、玉碗、玉花瓶等珍贵古玩。

## 6 元、明、清三代玉器的发展

1271—1911年，是元明清玉器文化阶段。三代大多时间定都北京，国家局势统一。玉文化呈现一定的新变化，具体如下。

- **复古主义受追捧**

民间和朝廷大量地仿制仿古彝玉。特别是到了清朝，宫廷制仿古彝玉器公开题“大清乾隆仿古”或“乾隆仿古”隶书泥金款，再现了青铜彝器朴茂古雅的艺术韵味。

△ 旧玉肿骨鹿　元代

高5.7厘米

玉件整体风格古拙生动，以玉片雕肿骨鹿之形象，鹿体扁平，角长枝繁，体态肥圆，小尾下垂，四肢壮实有力。姿态如在奔跑中倏然止步，悠然回望，将鹿奔跑的迅疾表现得淋漓尽致。

- **金玉结合**

玉器制作，金、银等结合古已有之，但明清时代渐多，金银上镶嵌宝石，如玉带钩、白玉兔金镶宝石耳坠、金托玉爵、金盖托白玉碗等。金镶玉在富户的闺房中更是常见。

- **翡翠迎来盛世**

以往历代很少见翡翠制品，明晚期翡翠渐多，至清代中期迎来翡翠的盛世，尤受宫廷追捧，陈设、衣着、用具、供器以及玩物无不用翡翠或玉器制成或装饰。乾隆是翡翠的大玩家，甚至亲自组织收集各地精美翡翠玉器。

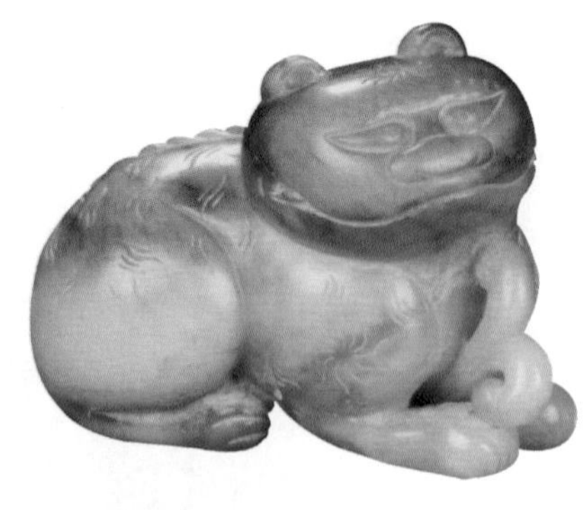

△ **白玉雕虎纹镇纸　元代**

长7.5厘米

白玉质，圆雕猛虎，虎身圆头，圆耳支起，凤眼阔口。虎身卧伏，通体阴线刻划花纹，生动形象。虎爪抱一枚芝草穿怀而至肩上，构思巧妙。

△ **玉雕秋山佩　元代**

长6.5厘米

佩灰玉质，带金黄色玉皮，随形雕之，佐以俏色，极好地表现出柞树团簇、虎卧山冈的秋色。老虎五官与身上纹饰皆用阴线刻画而出，简洁而不失气韵。树叶纹理清晰精细，一丝不苟。尾后立猴一只，意欲攀爬柞树，神态栩栩如生，惟妙惟肖。虎首与虎爪间留有三孔，可供穿系。整器构思精巧，独具匠心。

◁ **白玉圆雕童子戏荷摆件　明代**

高5.6厘米

该摆件以白玉为材，周身带皮色，白色凝润，而皮色黄褐，周身油润。圆雕一童子，阔额圆脸，笑意盈盈，身着长袍，双手举在右肩，同握夏日碧荷于身后。憨态可掬，喜气洋洋，人物眉目、衣褶，寥寥数刀，刻画得细致入微。体量小巧，是一件灵动可人的小摆件。

- **收藏玉器炽热**

自明代起，玩玉、陈设玉器之风习日益盛行，兴起古玉收藏热。由于古玉有限、供不应求，造假猖獗。

- **玉器专著出现**

出现玉文化研究的专著，如元代画家朱德润《古玉图》，是我国第一部专门性的古玉图录。

▷ **黄玉鹿衔灵芝摆件　明代**

长6厘米

黄玉质。鹿衔灵芝是古代玉雕的经典题材，鹿呈跪卧状，小尾下垂，头注视前方，圆眼，双耳由阴线刻画而成，双角贴于耳后。口中所衔灵芝硕大，斜伏于后背之上。灵芝头上留有些许黄色留皮，鹿首亦有点滴，别有情致。“鹿”与“禄”同音，寓意官运降临，而灵芝寓意长寿。此件不仅玉质名贵，雕工精良，还蕴含美好祝福，实为佳品。

◁ **白玉衔莲花回头甪摆件　明代**

长10厘米

古兽独角者称为甪，狮鼻平口喙，扬眉小圆眼，顶上角与勾云耳后翘。曲四腿回首望天，伏卧于地上，润嘴衔缠枝西番莲，颌鬃脑后鬣，脊背及尾部毛绺以“游细毛雕”手法，一丝不苟。

▷ **玉雕卧犬　明代**

长6.5厘米

犬玉质，小犬趴伏于地，前爪并伸，后足屈于腹下，尾巴翘起，贴于背上，头轻搭于前腿，嘴以阴线表示，双耳自然下垂，目光乖巧柔和，着实惹人喜爱。犬是玉雕的经典题材，与“全”谐音，取十全十美之意，同时也是忠诚厚道的标志。此件所用玉质润泽，刀法圆浑，椎肋清晰可辨，形象栩栩如生。

△ **白玉菱花佩　明代**

长6.8厘米

该件玉佩选材白玉，黄褐浸色。整器呈八瓣菱花，但双面雕琢的各不相同。一侧中心花蕊浑圆，为八卦图案，另掏两小孔未透。花瓣依次叠压，叶片内部内凹，表现出花瓣的自然状态，并以单线刻划叶片纹理，流畅舒展，雅趣盎然。另一侧中心花蕊锦地而作，周遭花瓣呈螺旋状依次排开，好似涡轮之势，回旋盘绕。

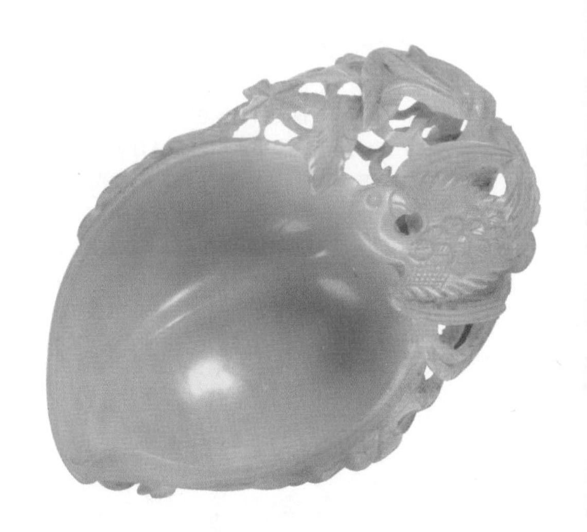

△ **白玉鹰桃洗　明代**

长10.2厘米

◁ **白玉仿古璧　明代**

长8.5厘米

本件玉璧以白玉为材，玉质紧密而凝润，色白如雪。呈璧状，中空圆环，表面琢磨为涡轮状，并刻划双线变体纹样，类似于商周时期玉器双钩变体龙纹，但以缺乏传统规制，随性而作。玉璧上方雕刻一条赤虎纹样，吻部及尾部各做一穿孔，趴伏在玉璧之上，身体上刻划纹路。整器造型规整，仿古而作，古韵油然而生。

△ **旧玉雕卧狮　明代**

长6.8厘米

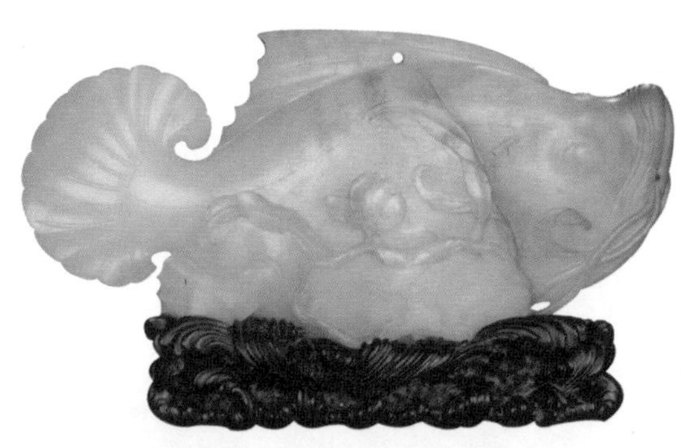

△ **白玉雕连年有余纹摆件　清早期**

长20厘米

上等新疆和田白玉雕成，局部留皮，色泽丰富。以写意手法圆雕鲶鱼，鲶鱼圆眼阔嘴，口衔水草，身体扁平肥硕，尾鳍翻卷，状如灵芝。鲶鱼身体两侧浮雕莲花荷叶，叶边卷翘，叶筋脉络隐约可见，立体感极强。

△ **白玉雕金蟾纹镇纸　清早期**

长8厘米

白玉质，细腻清润，圆雕玉蟾，身体肥硕，嘴吻宽阔。大眼暴突，满身蟾钮，四肢健硕有力，神气凌然。金蟾寓意财源兴盛，生活幸福美好。

△ **灰白玉六瓣式花口碗　清代**

直径10.2厘米

△ **白玉衔灵芝瑞兽　清乾隆**

长5.5厘米

△ **白玉英雄摆件　清乾隆**

长5.8厘米

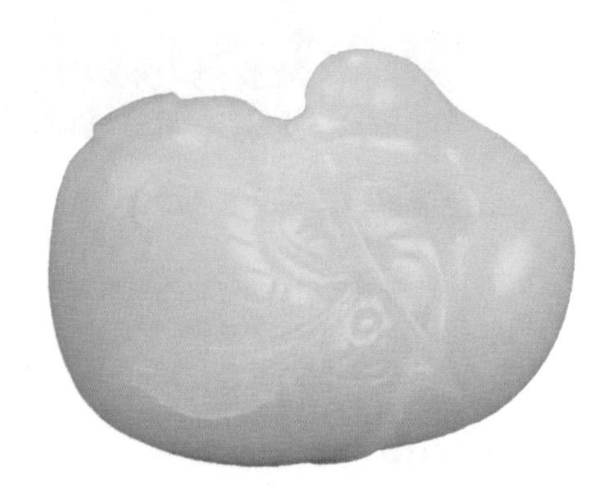

△ **白玉鸭衔寿桃坠　清乾隆**

长5厘米

◁ **白玉菊花纹盖盒　清乾隆**

直径14.2厘米

△ **痕都斯坦青白玉双耳盖洗 清乾隆**

长16.9厘米

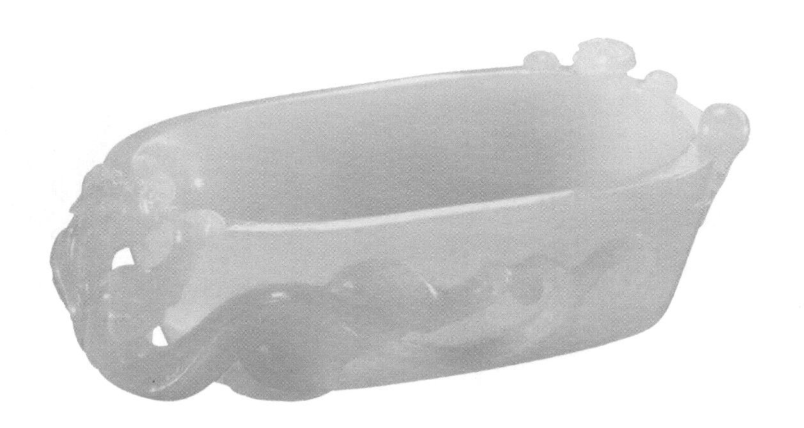

△ **白玉二龙戏珠椭圆形洗 清乾隆**

长13.5厘米

△ **青白玉雕螭龙纹海棠式洗 清代**

长15.3厘米

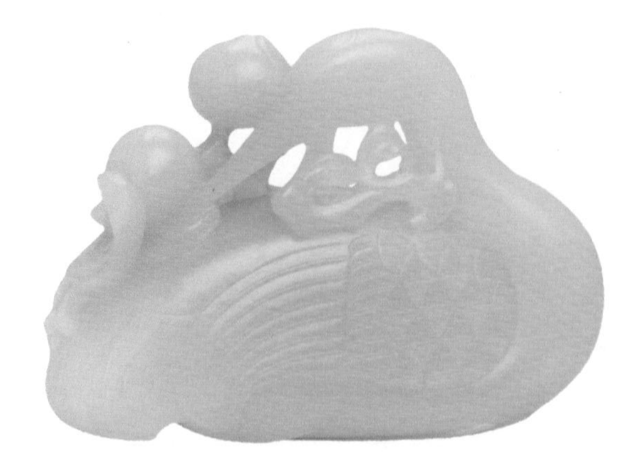

◁ **青白玉仙鹤献寿摆件　清乾隆**
长9.2厘米

△ **青白玉巧雕三多摆件　清代**
高12厘米

◁ **白玉雕凤衔牡丹摆件　清代**
高13.7厘米

△ **白玉鸳鸯摆件　清乾隆**

长20.5厘米

此摆件以和田白玉为材，玉质白中略青，圆雕一对鸳鸯，造型生动，翎羽刻画细腻。两只鸳鸯翅膀贴身，游于碧波之上，回首互望，口衔莲花，枝叶扭转披于背上，互相交缠。枝叶舒展，叶脉刻工清晰。全器刻工精细，流畅自然，造型生动典雅，两只鸳鸯神态惹人喜爱，雌雄相随，寓意“鸳鸯富贵，夫妇和谐”。

△ **白玉留皮鸳鸯坠　清乾隆**

长5.5厘米

▷ **白玉饕餮纹如意耳瓶　清代**

高13.9厘米

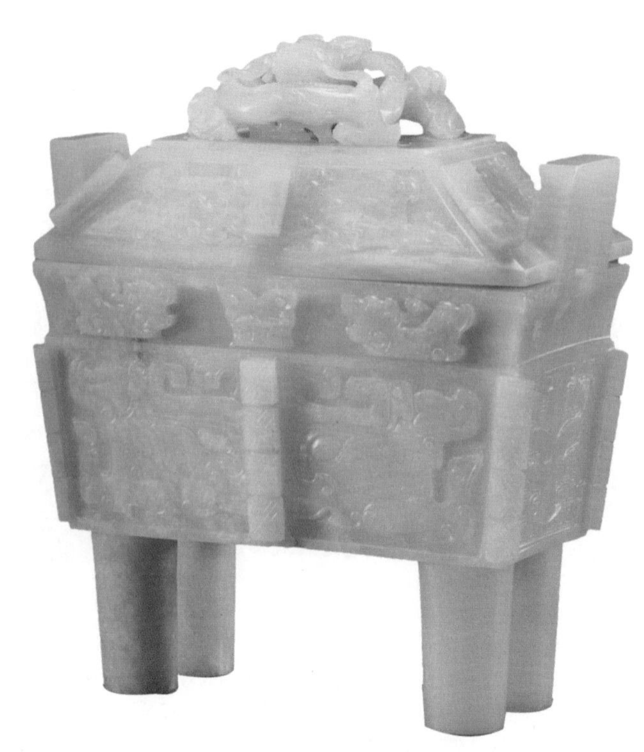

△ **白玉饕餮纹龙钮盖方鼎　清乾隆**

长17厘米，宽7厘米，高18厘米

◁ **黄玉鼎　清代**

高16厘米

△ **青白玉带皮寿纹盖盒　清代**
直径7.5厘米

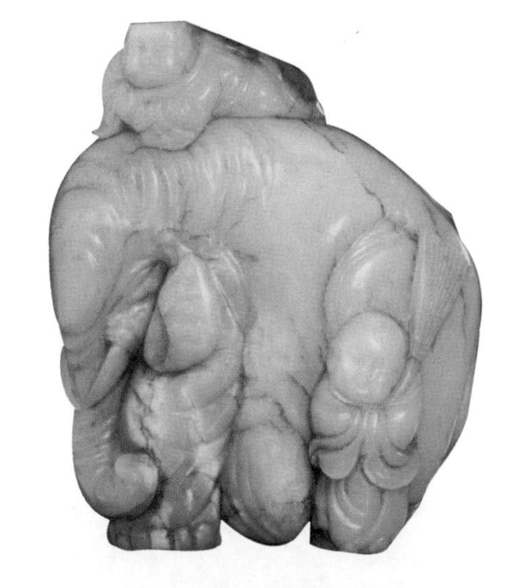

△ **青玉童子骑象摆件　清代**
高13.3厘米

△ **碧玉江山万代山子　清代**
高30.5厘米

▷ **青白玉鲤跃龙门花插　清代**
高24.8厘米

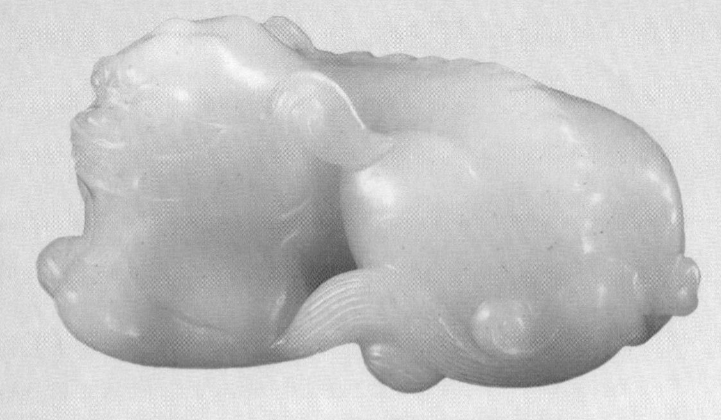

▷ **白玉洒金瑞兽　清中期**
长6.3厘米

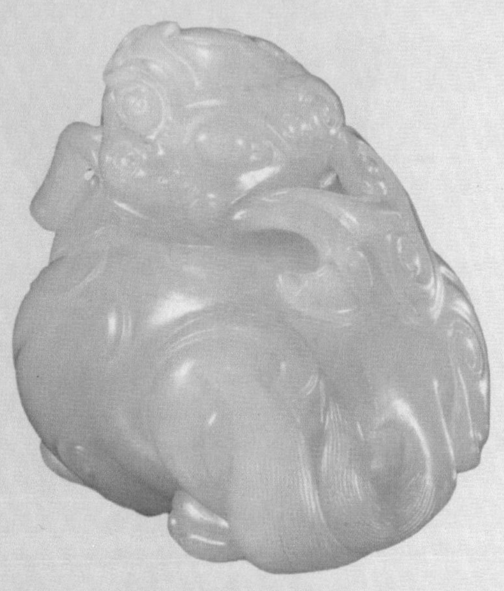

◁ **白玉瑞兽　清中期**
长6.3厘米

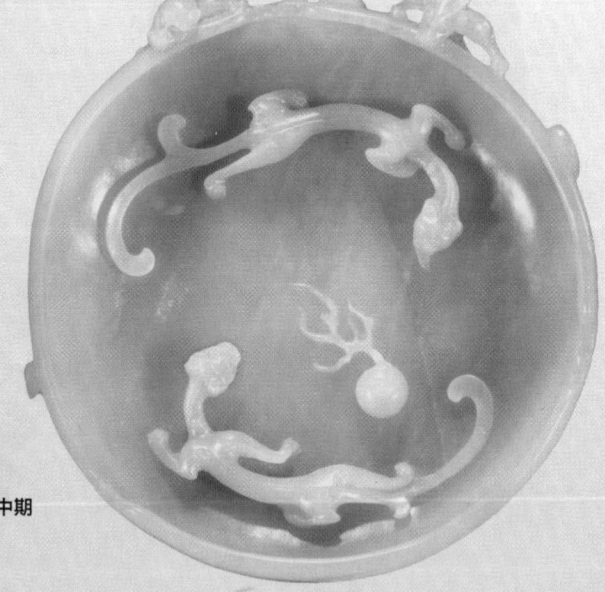

▷ **青白玉螭龙纹水洗　清中期**
直径16厘米

△ 青白玉螭龙纹如意 清中期
长40厘米

△ 黄玉瑞兽 清中期
长6.7厘米

△ 青白玉如意耳包袱瓶 清中期
高30.5厘米

◁ **白玉凤纹活环奁　清中期**

高12厘米

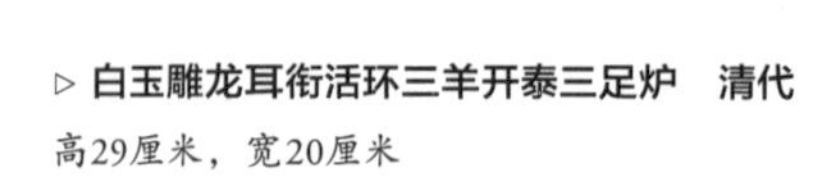

▷ **白玉雕龙耳衔活环三羊开泰三足炉　清代**

高29厘米，宽20厘米

▷ **白玉饕餮纹方觚　清代**
高22厘米

◁ **白玉兽面双耳衔环炉　清中期**
直径16.8厘米

◁ **白玉镂雕高士图诗文牌　清代**
长5.1厘米

▷ **白玉兽足炉　清中期**
直径17.7厘米

◁ **黑白玉牛生麒麟　清中期**
长4厘米

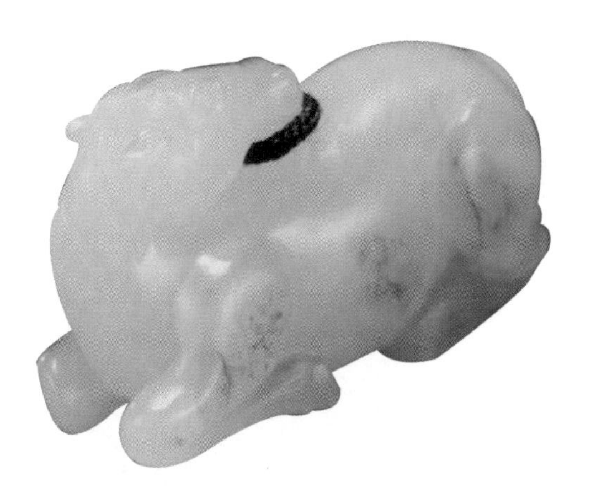

△ **白玉留皮圆雕卧马摆件　清代**
长4.5厘米

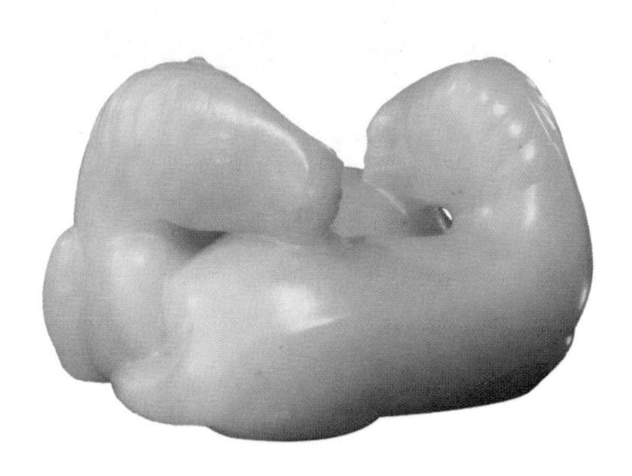

△ **青白玉双马　清代**
长7厘米

▷ **紫水晶麻姑献寿摆件连座　清代**
高16.7厘米

△ **青白玉持如意高士童子　清代**

高8.2厘米

△ **青白玉童子献寿长方式笔筒　清代**

高14厘米

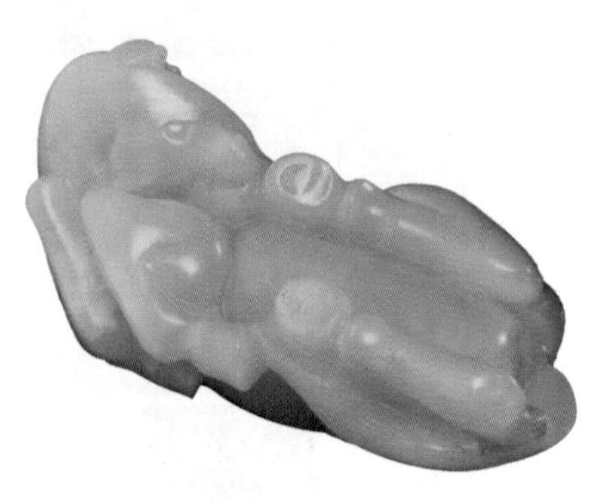

△ **白玉马　清代**

长7.5厘米

△ **青玉瑞兽　清代**

长8.3厘米

△ **青玉佛像带佛龛　清代**
高11厘米

△ **白玉佛手摆件　清代**
高15.2厘米

△ **白玉观音菩萨立像　清代**
高18.4厘米

明清玉器是中国玉器制作的高峰，其工艺制作水准达到巅峰。明代雕玉、刻玉技法粗犷浑厚，清代玉雕与明代一脉相承，但在加工上以精致取胜，造型极为规整，底子平，线条直，尖如锋锐，圆似满月，棱角分明。总体而言，明清玉器呈现出琢工精致，表面光滑，线条刚劲流畅，阳刻纹渐多，圆雕、浮雕及镂雕的形式大量出现的可喜局面。

下面我们具体阐述明、清玉器各自的特征，为鉴别两代玉器提供指导。

## 7 明代玉器的特征

明代玉器在宋元玉器蓬勃发展的基础上，继承了宋、辽、金、元玉器制造的成就，经过不断努力，将玉器生产推向了一个更新的高度。明代玉器的特征主要表现在以下几方面。

- **玉质细腻温润**

明代玉质主要使用的是新疆玉，使用抛光技术，故器具质地莹润，表面光泽闪烁，仿佛罩上一层薄的玻璃质。

清代制玉的抛光技术有了变化，玉器不再具有晶莹透明的光泽，二者易区分。而现代仿品或刻意追求古玉的光泽特点，或玉质不同，难以达到标准器的效果，也易露出马脚。

◁ **黄玉太狮少狮　明代**

长10厘米

摆件黄玉质，太狮作趴伏状，口衔大株灵芝，毛发后扬。少狮卧于其下，扭头与其相对，尾微上卷。太狮造型威武，少狮形象生动活泼。整件刻工精湛，造型生动，刻画精细，刀工娴熟，可谓质佳料足且工精，展现了中国古代精彩绝伦玉雕技艺，堪称精品。

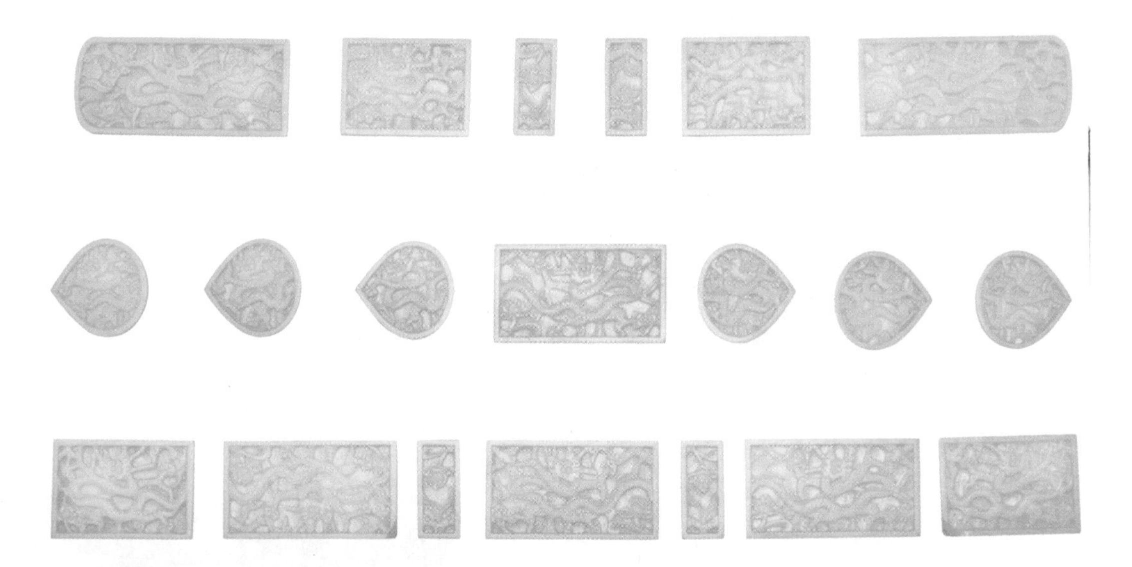

△ **玉雕龙纹带板（一套）　明代**

尺寸不一

此套明代龙纹带板造型、纹样皆与北京市文物研究所藏云龙纹带饰相似。共由20块组成，其中桃形銙6块，大长方形銙8块，小长方形銙4块，铊尾2块。较小带板正面雕剔地花卉纹，较大带板正面雕剔地阳起云龙纹，龙身细长，上阴刻龙鳞，四爪呈轮形，双眼圆睁，具有鲜明的时代特征。更大者另有喜鹊、荷花陪衬。背面穿孔可供系挂。一套保存完整，非常难得。

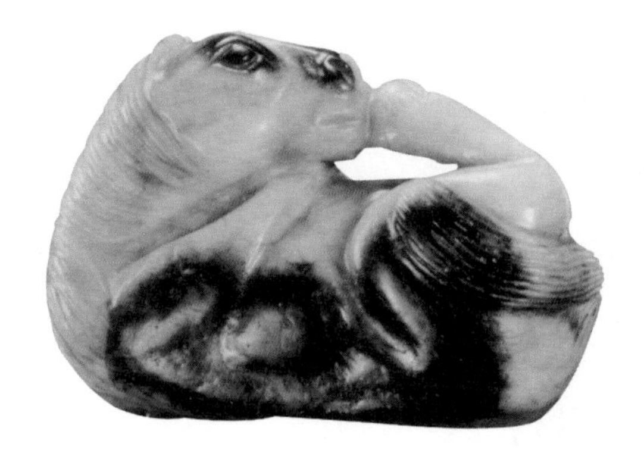

◁ **玉雕卧马　明代**

宽5.2厘米

玉雕卧马把手可玩，材质温润，马身圆硕，性情温良，蜷肢伏卧，马首后转似轻舔后蹄，项鬃鬣垂于两侧，马尾拂臀，丝缕清晰，和顺自然，显出超凡的刻工。眼鼻及马背处留皮巧雕，沁色如栗，美不胜收。整器姿态逼真，神情怡然自得，刻饰流畅，造型丰腴饱满，堪为妙品。

△ **白玉兽面纹洗　明代**
高7.4厘米

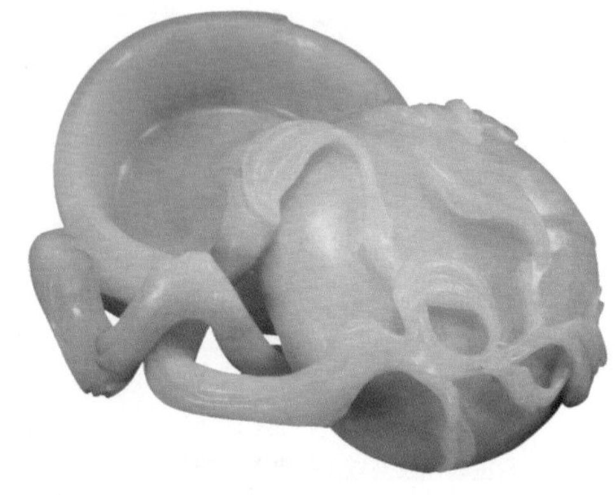

△ **白玉福寿桃形盒　明代**
长10.8厘米

◁ **玉雕观音佛坐像　明代**
高15厘米

▷ **白玉佛手　明代**

高13.8厘米

摆件以和田白玉大料雕琢为佛手果实两只，雕刻细腻，琢磨精致，果实丰满，枝叶柔美自然，毫无雕琢痕迹，堪称良工美玉的完美结合。佛手因谐音福寿，故而为历代文人雅士所喜爱，成为中国传统经典玉雕题材。

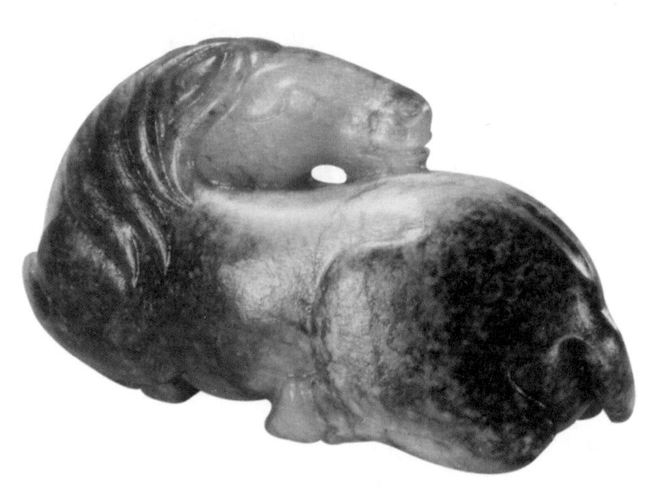

◁ **旧玉马　明代**

长8.5厘米

**• 玉器风格清新、刚劲**

明代玉器总体风格清新、刚劲，棱角分明。明早期纹饰总体风格趋于简练豪放，多以龙凤花鸟为主要题材，花卉擅长刻画整株的大花卉，山水人物题材多刻画历史故事。明中期渐向纤巧、细腻的方向发展，花卉题材多采用折枝和缠枝花卉组成图案，具有清新活泼的特点。明代晚期的风格趋于繁缛，略显琐碎。

**• 佩玉出现新品种**

佩玉习俗盛行，出现新佩件，如云形饰件与璜、珩、花叶组合的玉串饰，装饰衣帽的花形玉片。晚期又流行借鉴书画形式的方形玉佩（又称玉牌子、玉别子）等。

**• 雕琢求形不求工**

明代雕琢风格有“糙大明”之说，琢工上不讲究碾磨，刻划粗放，有求形而不求工的现象。

△ **黄玉龙凤兽面纹仗首　明代**

高11.7厘米

- **吉祥图案盛行**

明代程朱理学泛滥，道教以及民俗信仰深入民间。人们盼求社会安定，祈求神灵保佑，以获得今世的荣华富贵。这种社会要求反映在玉器纹饰图案上，就是吉祥图案大为盛行，如八仙、三星等神仙，寿、喜等文字，桃、灵芝、梅、竹、兰、鹿、鹤、鸳鸯等动植物，以及龙、凤、螭虎、甪端等瑞兽异禽。

- **注重题诗和款识**

明代书法绘画艺术进一步影响了工艺美术的发展和提高。玉器工艺也或多或少受到文人画的某些影响，碾琢写意山水和诗句、款识。

- **实用器皿增多**

明代有喝茶饮酒之风，故玉质壶、杯、盘、碗的数量与日俱增。玉质的文房四宝也多起来。

▷ **玉菊花雕龙玉兰花形花插　明代**

高18厘米

花插取大块白玉雕就，随行取景，随料取意，雕龙玉兰，形致柔婉，线条流畅，下锡玉菊花，周环缠绕，花形生动，构图美好，以白玉兰花喻君子美德，足见古人取意吉祥。

- **子冈玉为明代艺术代表**

陆子刚是明代玉工的杰出代表，制玉名气极高，称为“子冈玉”。不少人遂伪造子刚款的器物。辨别子冈玉真伪，需掌握子冈玉的特点。

一为选料严格。凡制器用玉料，皆为经过严格筛选的优质玉，务求色纯质润。

二为艺术作风严谨。陆子冈制玉题材广泛，除擅长仿古纹饰，更有雕琢山水、花鸟画法的绝技。

△ **白玉雕义之爱鹅子冈牌　清代**

宽4.3厘米，长5.8厘米

此件玉牌质地净白温润，长方形，牌头浮雕变形双夔龙。正面剔地浅浮雕羲之爱鹅图，雕琢精细，松枝苍劲，屋宇小桥流水，怪石横置。书圣笑容扬手，与迎面而来的童子交谈。童子怀抱白鹅，亦喜笑颜开。雕工深邃精湛，构图严谨有序，器制灵巧可人。

△ **白玉人物诗文牌　清代**

高6.5厘米

玉牌采子冈牌造型，属明清时期的经典样式，色泽莹白，质地纯净，打磨规整。牌面浅浮雕孙策肖像，孙策手执长斧，身姿矫健，精神飒爽。背面行书阳文刻“破横江，拔当利。失魂魄，孙郎至。少年如策从来无，白龙鱼服困泥涂。乃弟犹能惊汉贼，可惜天亡孙伯符。子冈。”整器雕工精湛，刀法娴熟，细微之处干净利落，成为清代玉牌中的翘楚之作。

三为技法精妙。陆子冈琢玉务求纹饰清晰规整，底子平齐。凡琢文字，皆琢刻难度较大的阳文，字体间架严整，运转灵活，有如书写效果。

就款识分析，陆子冈真品的款识特征是：篆书，阳文“子冈”或“子刚”字样，书艺水平高，篆刻精致，无复加痕迹。

△ **白玉留皮巧雕蚕食坠　清代**

长5.2厘米

此器取上等白玉雕琢玉坠，玉质凝润莹白，纯腻细致。雕一圆实菜体，菜叶层层包裹，菜柄处做弯曲处理成圈，恰可供佩系。巧取玉材外表黄色留皮琢一小蚕，蚕躯体，似正食菜叶，叶脉琢刻清晰，小蚕所过之处留有斑驳菜叶，似已取食，生动至极。

## 8　清代玉器的特征

清代玉器是我国古代玉器史上的最高峰，在玉质之美、做工器形之众、产量之多、使用之广等方面，都是历史上任何一个朝代的玉器所不能媲美的。清代玉器的主要特征如下。

- **玉料和田玉为主**

清代玉器主要用料为和田玉，包括白玉、青玉、碧玉、墨玉等玉材。宫廷玉器，选料上等，民间以普通玉料居多，玉料越好，往往雕工越细。

现代仿清代玉器不会使用上等玉料，玉质上差距不小。

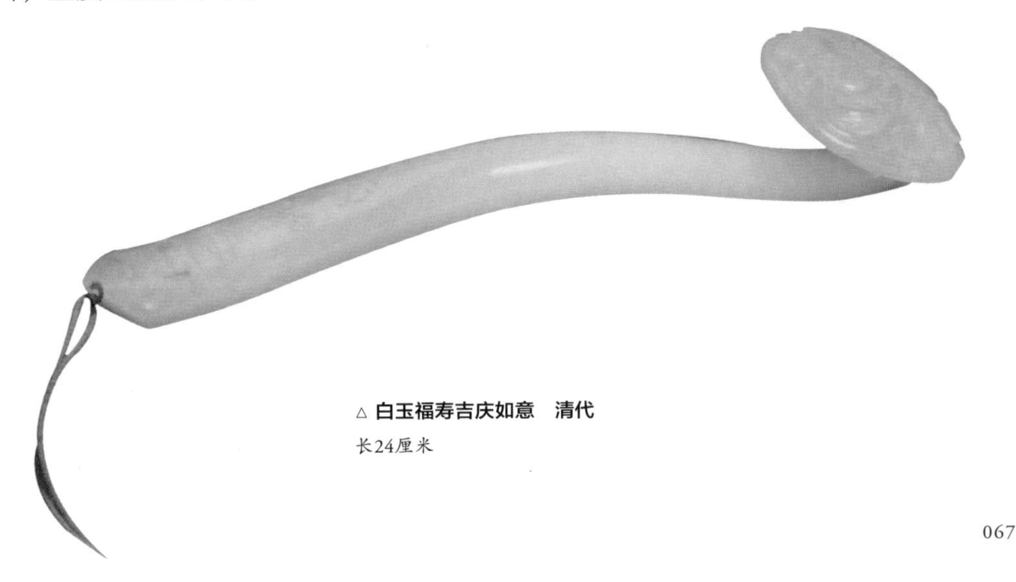

△ **白玉福寿吉庆如意　清代**

长24厘米

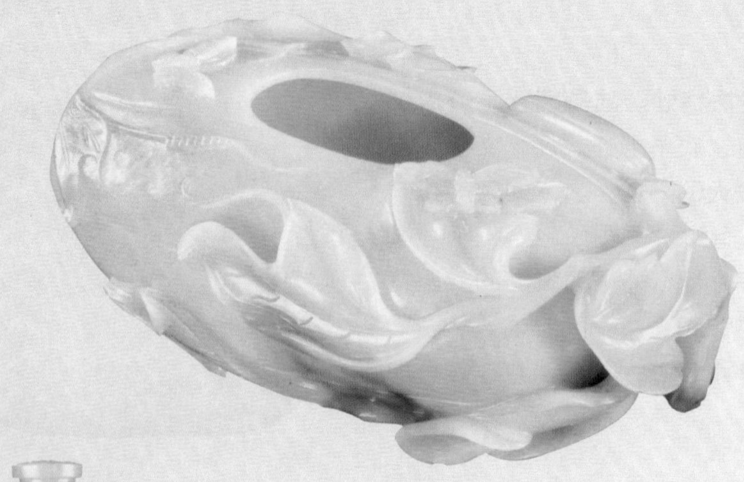

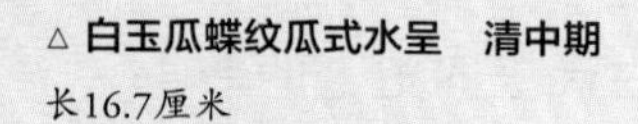

△ **白玉瓜蝶纹瓜式水呈　清中期**

长16.7厘米

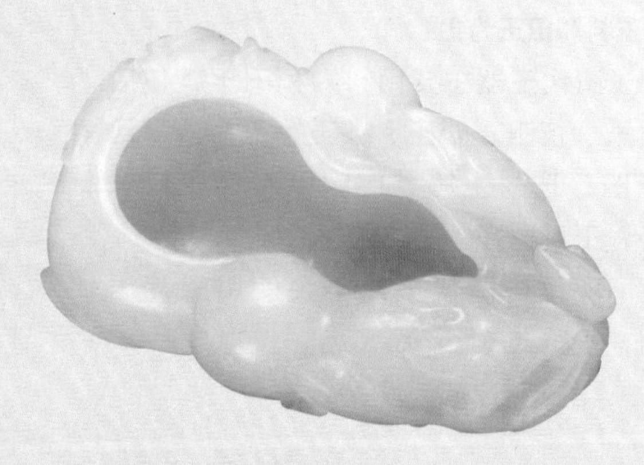

△ **白玉雕葫芦水洗　清代**

长7.8厘米，宽5.2厘米，高2.8厘米

△ **青白玉蕉后兽面纹瓶　清代**

高30.5厘米，宽12厘米

△ **白玉带沁岁岁平安盘　清中期**
直径17厘米

△ **白玉圆雕麒麟送书摆件　清中期**
长13.5厘米

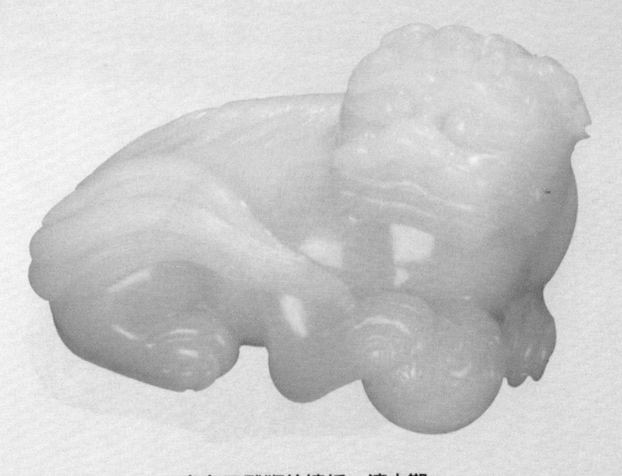

△ **青白玉雕狮纹镇纸　清中期**
长7.8厘米

◁ **黄玉龙纹觥　清代**
高10.3厘米

◁ **白玉环　清代**

直径5.8厘米

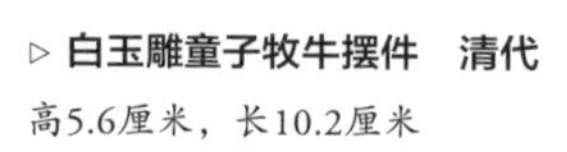

▷ **白玉雕童子牧牛摆件　清代**

高5.6厘米，长10.2厘米

△ **青玉骆驼摆件　清代**

长15.5厘米

▷ **青白玉雕童子　清康熙**

高 6.8厘米

**• 雕工精细、有创新**

清代玉器空前繁荣，使中国玉器工艺风格从琢工粗糙，表面常有制作残痕，线条不流畅，以素面、阴线纹居多，逐渐过渡为琢工精致，表面光滑，线条刚劲流畅。阳刻纹渐多，圆雕、浮雕及镂雕的创新形式大量出现。形容清代玉器总体风格八个字："尖如锋锐，圆似满月。"

不过，清代玉器毕竟是手工制作，玉器的结构、比例、对称、平整度、精确度等方面无法严格控制，与现代使用先进仪器设备仿制的还是有一定的差距的。但现代仿品在一些角落，机器达不到的地方，精细程度无法比拟清代玉器。

△ **青白玉雕仿古兽面纹觥　清早期**

高19.5厘米

◁ **白玉圆雕瑞兽摆件　清早期**

高5.5厘米，长9厘米

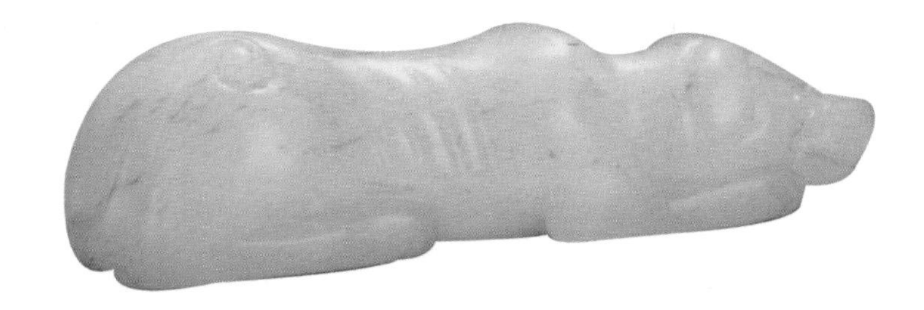

▷ **白玉卧犬　清早期**

长8厘米

◁ **白玉龙纹钟形佩　清代**

高7.5厘米

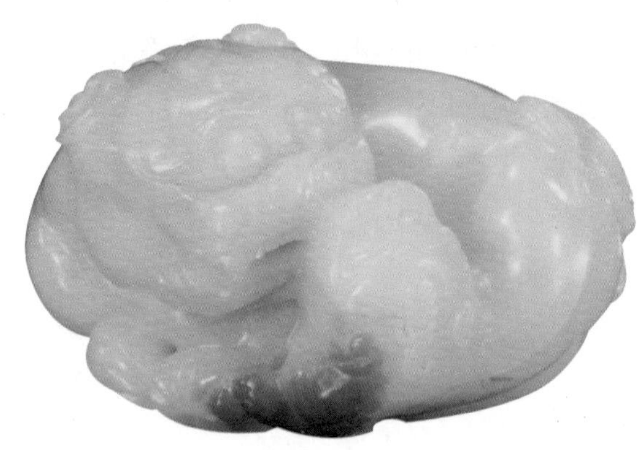

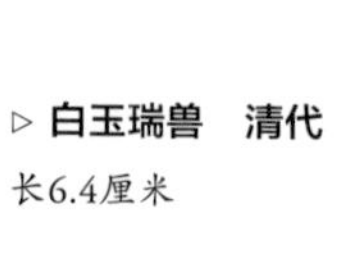

▷ **白玉瑞兽　清代**

长6.4厘米

△ **白玉人物诗文佩　清代**

高6.6厘米

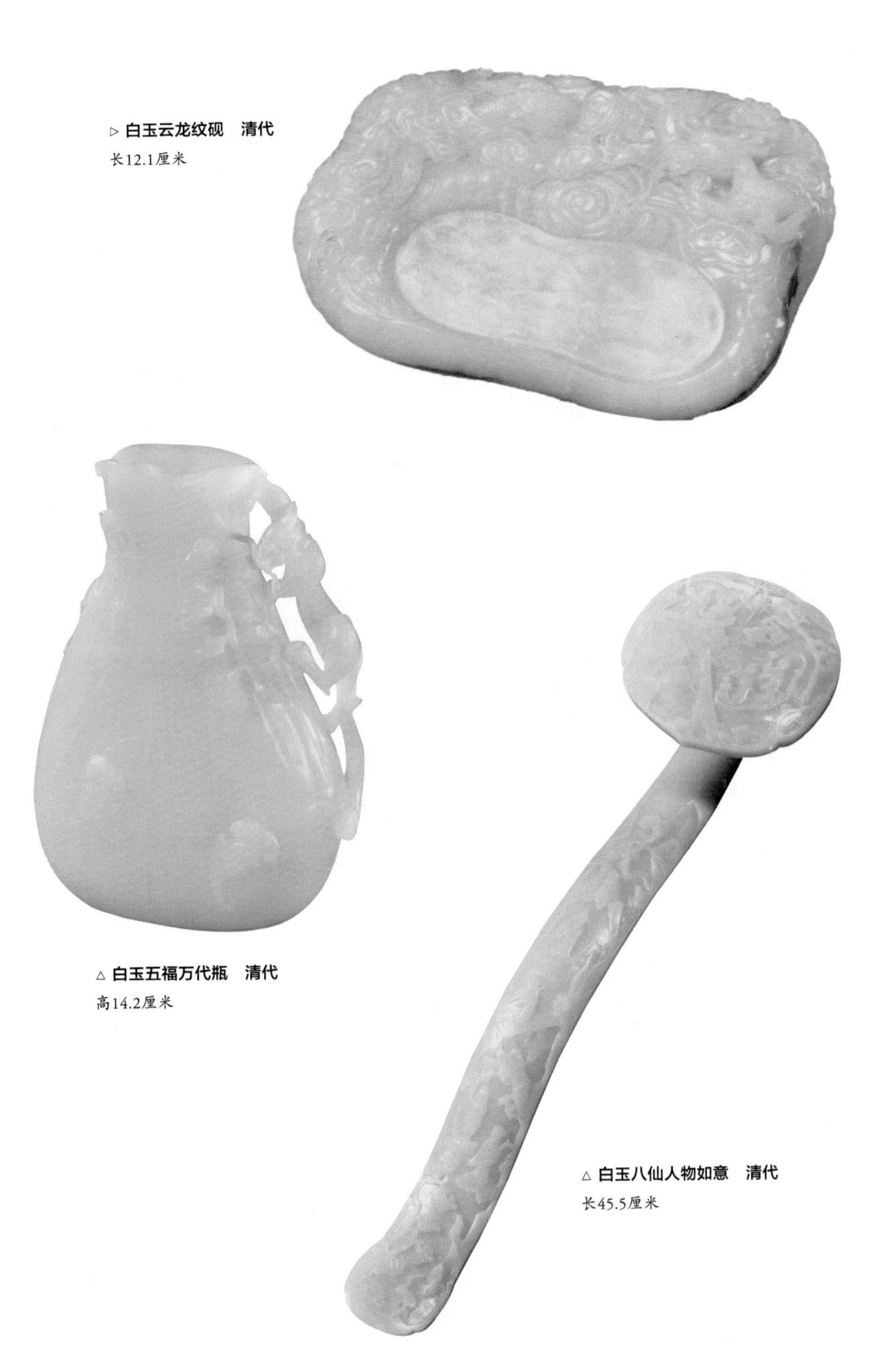

▷ **白玉云龙纹砚　清代**
长12.1厘米

△ **白玉五福万代瓶　清代**
高14.2厘米

△ **白玉八仙人物如意　清代**
长45.5厘米

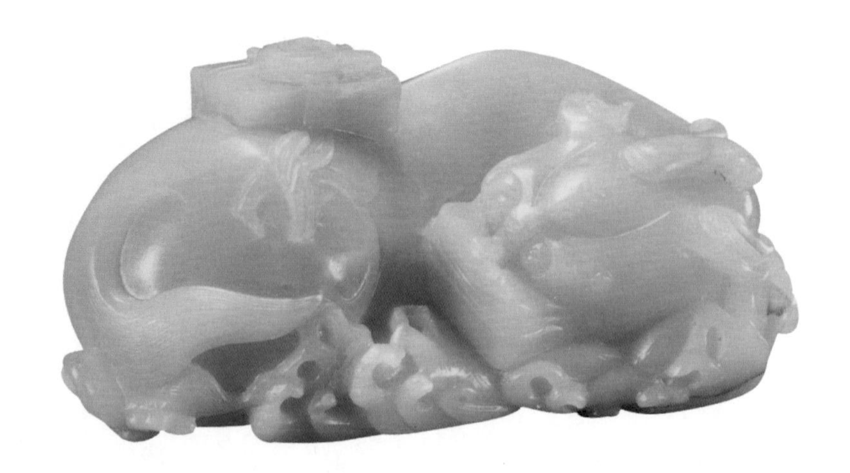

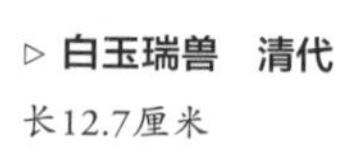

▷ **白玉瑞兽　清代**
长12.7厘米

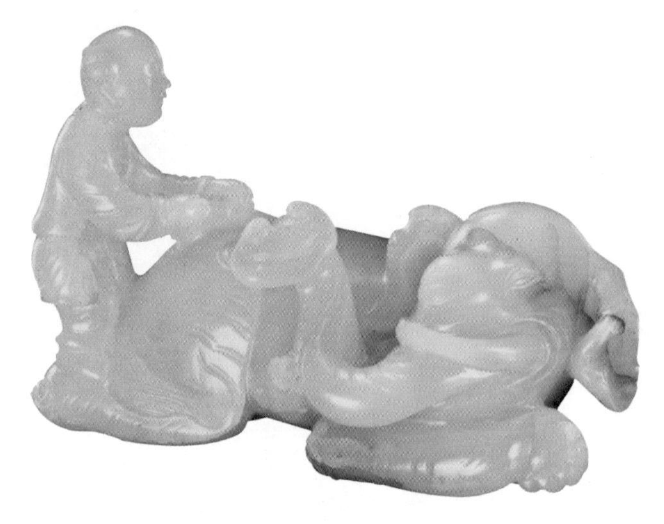

◁ **白玉童子洗象摆件　清代**
长8厘米

▷ **白玉卧犬　清代**
长9厘米

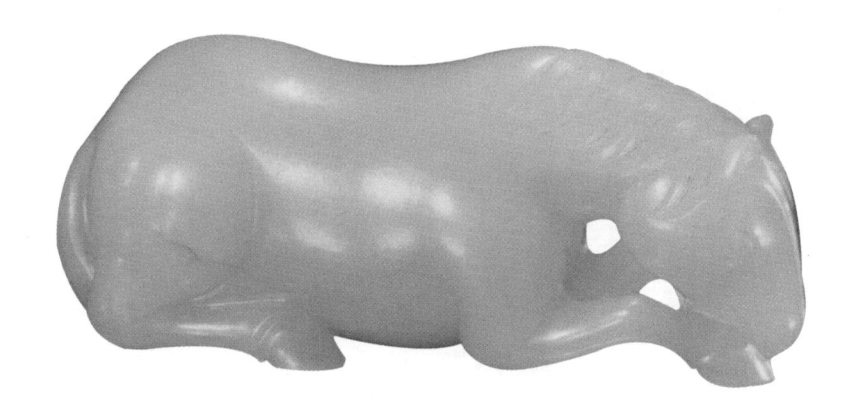

△ **白玉卧马　清代**
长7.5厘米

△ **白玉扁方章　清代**
高6厘米，宽1.8厘米，厚0.5厘米

△ **白玉骆驼　清代**
长13.5厘米

△ **白玉双鹿耳兽面纹活环洗　清乾隆**

直径21厘米

玉材润白，偶间金黄皮色，器形类仿古代青铜鼎彝，外壁浅浮雕饕餮纹饰亦宗青铜母本，双耳悬环，耳部圆雕仙鹿口衔灵芝伏卧祥云，寓意“梅鹿灵芝碧华天，龟龄鹤寿享其年”底承兽面三足。

△ **白玉雕花卉双环耳洗　清乾隆**

直径23厘米

此洗造型规整，花瓣形敞口、深腹、圆底，底承四如意云足。双耳别出心裁，雕莨菪花盛开于洗口，其下各衔一环；洗内底中心雕花蕊，花瓣层层绽放，朵瓣娇柔，颇具立体感；外壁亦浅浮雕花卉，与洗内相对应，清雅淡丽。

▷ **白玉大吉葫芦瓶　清代**

高21厘米

◁ **白玉雕如意莲瓣纹盖盒　清乾隆**

直径8.2厘米

此盖盒无论从材质还是工艺，皆堪称典范。其质润若凝脂，华而不浮，整体呈扁圆形，上下相若，盖与身以子母口相合。平底矮圈足呈玉环状。盒盖圆形开光，以浅浮雕手法琢四兽面纹，线条刚劲、阴阳凹凸有致，工艺精到，整个画面构图饱满。

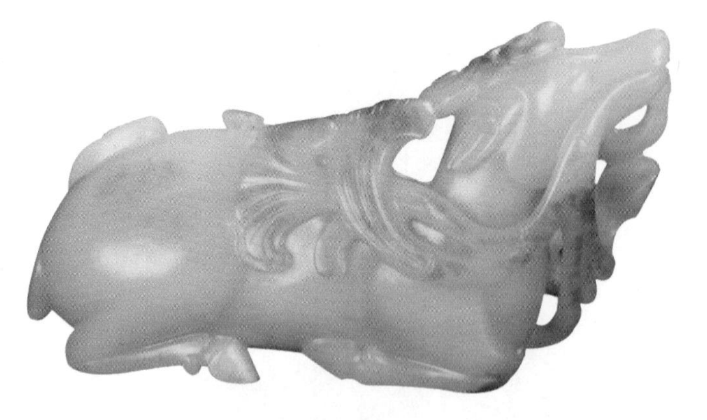

◁ **白玉留皮巧雕天鹿献瑞纹摆件　清乾隆**

长14.5厘米

玉材选和田玉，整块籽玉雕成，油润细腻。圆雕一鹿作跪卧状，昂首，吻部凸出，口衔灵芝，温驯可人，灵气十足。鹿身光素，曲线优美流畅，玉皮巧雕鹿角、灵芝，色泽金黄，如沐夕阳。

▷ **白玉雕瑞兽纹摆件　清乾隆**

长12厘米

白玉雕成，玉质清润，洁白如脂。圆雕而成，体态健硕，四肢蜷卧，肌肉饱满，神情肃穆。背上一小兽攀爬其上，与大兽相对而望，跃跃欲试，神态可掬。

◁ **白玉雕年年有余纹挂件　清乾隆**

长7.5厘米

和田籽玉雕成，玉质温润无比，洁白无瑕。圆雕鲶鱼摆尾游弋，鲶鱼体长形，颈部平扁，圆脸阔口，唇边有须，浮雕鱼眼，利用金黄玉皮巧雕而成，炯炯有神。鲶鱼体态俊美，须子细长飘逸，此件雕琢细腻生动，游动姿态灵动优美，鲶与“年”谐音，表达年年有余的美好祝愿。

△ **白玉雕佛莲纹太平有象　清乾隆**

长17厘米

此玉象以整块和田白玉为材，玉质莹润，包浆温润古朴，稳重大气。象站立式，牙前伸，鼻卷曲于一侧，双耳如扇，四肢若柱，身配瓔珞，背负象毯，上琢佛莲纹，大气端庄，透露出贵重典雅、肃穆庄严的神气。

- **图案具有时代感**

清代玉器风格深受同时代绘画的影响，故玉器图案有着明显的时代风格特点。现代仿品的绘画，由于所处的时代不同，以现代绘画技法和风格仿制清代画风，其效果总逊于传统风格。当然，辨别玉器上的图案风格，需要足够的艺术修养和经验。

△ **白玉吉庆有余佩　清代**

高5.8厘米

◁ **白玉大吉圆形佩　清代**

直径5.7厘米

◁ **白玉福禄佩　清代**

高6.6厘米

△ **白玉寿天百禄佩　清代**

高7厘米

◁ **白玉寿天百禄佩　清代**

高6.6厘米

# 第二章 玉器的四大类型

# 一 玉器功能分类

△ **谷纹青玉璧　战国/汉**
直径13.8厘米

不同的时代有不同种类的玉器，同一种玉器在不同时代的造型也不尽相同。一般而言，玉器的器型可以反映一个时代人类社会生活、审美趣味和工艺水平，呈现出独特的时代风貌。

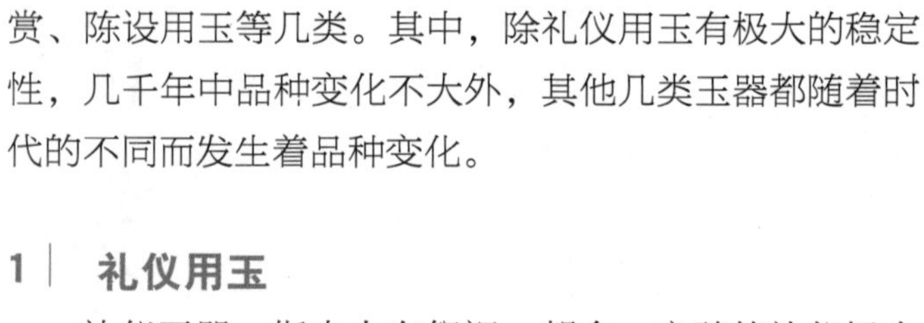

玉器根据功能的差异划分，可分为礼仪用玉，兵器、节符用玉，装饰用玉，殓葬用玉，生活用玉，观赏、陈设用玉等几类。其中，除礼仪用玉有极大的稳定性，几千年中品种变化不大外，其他几类玉器都随着时代的不同而发生着品种变化。

## 1 | 礼仪用玉

礼仪玉器，指古人在祭祀、朝会、交聘等礼仪场合使用的玉器，简称为礼器、礼玉。

古代举行重大典礼会用到玉礼器，故有“六器”之说。六器指璧、琮、圭、璋、璜、琥六种玉器。如《周礼春官大宗伯》记载：“以玉作六器，以礼天地四方，以苍璧礼天，以黄琮礼地，以青圭礼东方，以赤璋礼南方，以白琥礼西方，以玄璜礼北方，皆有牲币，各放其器之色。”不同形制的礼器，作用不同。

△ **白玉仿古兽面纹璧　清中期**
直径12.5厘米

在古代，六器属于国之重宝，诸侯争霸时是给多少座城池也不愿意换取的。如历史典故“完璧归赵”，秦昭王想用15座城池换取赵国的和氏璧，而赵国不同意。

- **玉璧**

玉璧肉径大于好径的扁圆形环状玉器，称作璧。古玩内，行话“肉”是指璧体，“好”是指中间的圆孔（下同）。

△ **白玉螭龙纹方璧　明代**
长9厘米

鹛玉璧这种器型，新石器时代就已问世，如良渚文化时期墓葬中就有素面青玉璧出土，但它们多数光素无纹，器形单一。商周以后，璧肉或肉外缘出现谷纹、蒲纹、螭虎纹、龙纽、凤纽等装饰，甚至还琢刻吉祥文字，如“宜子孙”等。唐宋时玉璧衰落，少见。明、清时期由于复古思潮的影响，玉璧重新振兴，仿古作品大量出现，做工也更加精细、烦琐。

玉璧作为礼器，《周礼》一书中只列有苍璧、谷璧与蒲璧。苍璧为青色的素璧。谷璧即谷纹璧，蒲璧则蒲纹璧。谷纹璧，其形状更像发芽的种子，所以它应和人类赖以生存的粮食有关。

△ **青白玉三龙出廓璧　清代**
直径16.5厘米

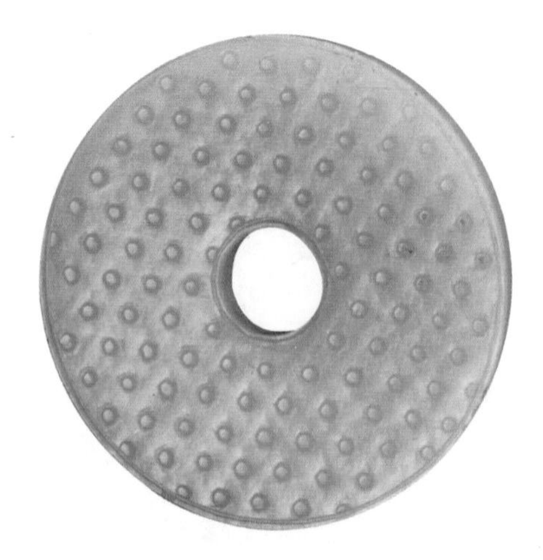

△ **白玉勾云纹璧　清中期**
直径6厘米

不同时代和不同情况下，璧还作装饰之用，或佩饰在身，或悬挂在墙。在古代，因为璧是圆的，有和平的含义。《史记·项羽本纪》记载，鸿门宴后，沛公刘邦逃走，张良以璧送之，仍为报平安之意。

- **玉琮**

外方内圆的柱状空心玉器，称为玉琮。它由琮体、射两部分组成，一般琮体由4个面组成（少见三面组成的琮），上端和下端各有一射，为圆柱体。

△ **灰白玉琮　明代**
高6.3厘米

玉琮在新石器时代出现，至汉代初年消失，清代有所仿制。良渚文化遗址、墓葬是目前出土玉琮最多的，商代也有出土。琮通常都有纹饰，基本上没有素面的。纹饰基本上是兽面纹，多由椭圆状的双眼、桥形鼻梁、长方阔嘴三部分构成，构图抽象。

琮作为礼地之用。《周礼》注云：“琮之言宗，八寸所宗。故外八方，象地之形，中虚圆，以应无穷，象地之德，故以祭地。”此外，琮还有象征地母女阴的含义。

- **玉圭**

玉圭是一种扁平长方体器物，是“六器”中最为繁杂的一种重要礼器。若板状器顶端为平的，称平首圭，顶端为尖的则称尖首圭。制作圭的玉料要求颜色为青色，它是礼东方的器物，因此，《周礼·春官·大宗伯》云：“以青圭礼东方”。

圭的纹饰，主要有人面纹、兽面纹、鸟纹等。如故宫博物院所藏“鸟纹圭”，一面是琢一只鹰，另一面是琢一只鸱鸮，都颇凶恶。

- **玉璋**

玉璋是一种扁平长方体器物，一端斜刃，另一端穿孔。《说文》记载：“半圭为璋”，就是说器型与圭大体相同，只是尖端变为斜边，如同现在的裁纸刀。

玉璋流行于商代至西汉时期。商代玉璋造型多为一侧有利刃，一侧中部内凹成弧形。有的尖部呈鱼嘴叉刃，柄与身之间有三组阴刻平行线纹，并有一孔。战国时期玉璋的造型为半圭形，下端微细，制作细腻，磨制光滑。汉代玉璋，有桃叶形者，一面平整，另一面隆起，两端各有一小孔。

《周礼》中记载有赤璋、大璋、中璋，边璋、牙璋五种器型。赤璋是礼南方的玉器，由器名看应是红色的玉璋。大璋、中璋、边璋

△ **白玉带沁十二章圭　明代**

长18.7厘米

△ **白玉刻龙纹圭　清中期**

长18.8厘米

此件玉圭呈长条形，上端磨作三角，下端正方，圭以上尖下方之形指天，属天子专用。玉质温润坚韧，玉色沉静和暖，石纹暗蕴其中，妙不可言。玉圭素面，单面刻工。上端浅刻北斗七星，主题双行龙赶珠，下端刻海水江崖。纹饰取材龙纹，以意其身份。

△ **白玉龙凤纹璋　西周**
长15厘米

应是以尺寸的大小为别，《周礼·考工记·玉人》记它们的尺寸是“大璋、中璋九寸，边璋七寸。”

**• 玉琥**

玉琥是一种刻有虎纹或雕成伏虎形的玉器。中国古代视虎为百兽之王，对它的印象最深，因而用玉器雕琢成虎形，或在器物上雕琢虎纹，是极常见的现象。

琥用于祭西方之神。与六器中的其他五种礼玉相比，“琥”是最写实的，其他玉器则都是抽象化的几何图形，唯独“琥”，即使图案化了仍看得出虎的造型。

琥表面的纹饰多为云纹，由云纹变化成各种屈曲的形式；也有条状纹、节状纹、鳞纹、谷纹、乳丁纹等。

此外，琥还有带之发兵的作用。《说文解字》：“琥，发兵瑞玉，为虎文。”汉代以后，发兵普遍用虎符。虎符正是从“琥”演进而来的：琥只是单个的，虎符则一分为二，需验否相合无间才能有效，后者显然更周密合理。

**• 玉璜**

形似扇面的弧状扁平玉器称作璜。多由璧或环切成两半、三半或四半而形成，故有“半璧为璜”的说法。

璜在“六器”中样式最繁杂、数量最多，流行时间也最长。做璜的玉材颜色要求为黑色，用以礼敬北方，故《周礼·春官·大宗伯》有“以玄璜礼北方”之说。此外，玉璜也作为佩饰物。

玉璜始见于新石器时期的河姆渡文化遗址中，流行至唐代。问世之初，均是素面，简朴而庄重；商周以后出现勾云纹、谷纹、蒲纹等纹饰，并有意将璜体制成龙、虎、螭等动物形象，而且往往为双龙连体、双虎连体。

△ **白玉龙纹璜　战国**
长7.8厘米

## 2｜ 兵器、节符用玉

古代用玉制作的兵器、节符，数量相对较少，多应用于两汉以前。

玉制兵器主要用玉刀、玉斧、玉戈、玉锛、玉铲、玉钺、玉戚、玉具剑、玉矛、玉匕首等。部落和诸侯间的战争，军事的发展，是促使玉兵器产生的最重要原因。而青铜兵器的普遍使用，则使玉制兵器走向没落，至商代时更多地成为一种仪仗用器。汉后玉制兵器很少见了。

用玉制作的节符是古代用来作为证信之物、下达命令或调兵遣将等的玉制品，主要有玉符、玉节、玉璋、传国玉玺等。

**• 玉斧、玉钺、玉戚**

玉斧出现于新石器时代，一种扁平的梯形器，上端有孔，可缚扎执柄，下端有刃。斧的刃部若宽大，则叫钺。在斧的两边各加上一行齿牙形饰，则是戚。

玉斧由石斧演化而来，由原先的猎杀工具演化为氏族酋长或部落联盟首领执掌的王权象征物。

△ **白玉龙纹斧形佩　清中期**
高12.8厘米

△ **白玉浮雕人物龙纹斧形佩　清代**

高8.5厘米

**• 玉刀、玉镰**

玉刀是玉质的刀形兵器，也作仪仗或佩饰用，其形制各有不同。很多有纹饰。

镰是新石器时代收割农作物的工具，常用来收割谷、粟、稻、糜等。玉镰上多有小孔，用来系绳套在手或其他工具上使用。

玉刀、玉镰在中国玉器史上同样占有重要地位。据揣测，璋、矛、剑等是由刀、镰演化而来。

**• 玉铲**

玉铲形似玉斧，为方形或长方形的薄状片。新石器时代的良渚文化、崧泽文化和龙山文化出土玉斧颇多，夏商时代也流行。

1958年，河南省仰韶文化遗址中出土一件玉铲，长13厘米，宽10厘米，用姜黄色玉器磨制而成，上窄下宽，上部有圆孔，用以缚柄，下有弧形刃，精巧美观。

**• 玉矛**

玉矛和玉戈一样，也是仪仗之用。其形状大同小异，均为尖刃形兵器，多数为素面，少数有纹饰。

**• 玉戈**

玉戈是玉质的兵器之一，不供实用，古代主要用作仪仗或佩饰，再就是作殉葬之用。历代墓葬中都有数量可观的出土，其造型也各不同。有些无纹饰，有的有纹饰，纹饰有线纹、齿纹、雷纹、云纹、兽面纹等。

△ 御制白玉交龙钮自强不息宝玺　清乾隆
长7.5厘米，宽7.5厘米，高5.5厘米

△ 嘉庆御笔之宝交龙钮碧玉宝玺　清嘉庆
长12.5厘米，宽12.5厘米，高11厘米

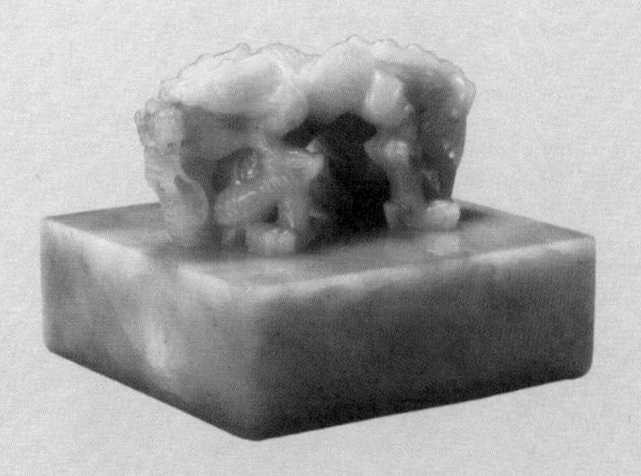
△ 敷春堂宝交龙钮玉玺　清嘉庆
长12.2厘米，宽12.2厘米，高9.5厘米

• **玉匕首**

玉匕首是玉质的短剑，与玉戈形制易混，也是一种尖刃形兵器。一般来说，匕首比戈更狭长，刃较厚钝。

• **玉具剑**

玉具剑是指在剑柄与剑鞘上镶嵌的玉饰，包括剑首、剑格、剑璏、剑珌四部分。玉具剑最早出现于春秋战国时期，达官贵族为标榜身份开始在剑上饰玉，战国与两汉越发盛行，后代有仿品。

**剑首**：又称为剑堵，镶嵌在剑柄顶端的装饰品，即镡。

**剑格**：也称剑镗、护手，指剑身与剑柄之间作为护手的部分。

**剑璏**：又名剑鼻，镶嵌在剑鞘上之物，以将剑系于腰带上，固定于腰间。

**剑珌**：嵌在剑鞘尾部玉器，正面呈梯形，断面呈菱形。

• **玉玺印**

玺也属于印。玺印之分始于周朝。皇帝用的印叫玺，臣民用的只能称为印。

玉玺中，传国玺最为人们所熟悉。每一个朝代在开国之初，都会用玉做一方印，代表政权的建立。开国皇帝故去，太子继位，该印还继续使用，这就是传国玉玺。传国玉玺之制，是从秦代开始的。秦国的传国玉玺制作年代是公元前221年到公元前210年。印纽采用盘螭纽，印文“受命于天既寿永昌”是丞相李斯篆写的。印文的字体，各书所记，都是说“鱼虫龙鸟之形”，刻印的人，是玉工孙寿。

◁ **慈禧太后岫岩玉雕双龙钮翊坤宫珍赏长方印玺　清光绪**

长14.5厘米

△ **白玉龟钮印章　清代**

长4.5厘米，宽4.5厘米，高5.3厘米

△ **白玉兽钮印章　清代**

**• 玉符**

符，是朝廷重要的证信之物。符的形制特点是：不论为何种造型，都采用“分而相合”的办法，即把符一分为两半，朝廷派员驻守外地，便把一半符给他；以后如果朝廷有命令下达，去传达命令的人就要拿着朝廷保留的另一半作为信证。当两半符拼合到一起无误时，便叫“合符”，即驻外官员知道来人所传命令确实为朝廷所发。这就是玉符的使用方法。

为防止伪造玉符，玉符上还刻有文字。

**• 玉节**

玉节指古代天子、王侯的使者持以为凭的信物。玉节是完整单一的玉器，不像玉符那样是“分而相合”的。玉节的用途在《周礼》中有说明：“掌守邦节，而辨其用，以辅王命。守邦国者，用玉节。”

玉节可分为珍圭、牙璋、谷圭、琬圭、琰圭等。《周礼·春官·典瑞》记载：“珍圭以征守，以恤凶荒；牙璋以起军旅，以治兵守；谷圭以和难，以聘女；琬圭以治德，以结好；琰圭以易行，以除慝。”这说明每种玉节是有各自用途的，不可乱用。

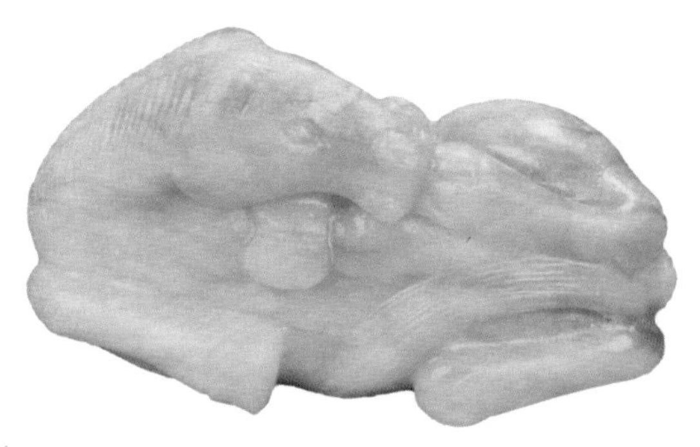

◁ **玉雕沁色马上翻身坠　清乾隆**
长6厘米

## 3 | 装饰用玉

装饰用玉指佩戴在人体头、颈、胸、手臂等部位，增加整体美感的玉器饰品。隋唐以前，玉器的装饰功能与礼仪、祭祀等功能交织在一起；隋唐后玉器的装饰功能日益凸显，至清代时越发兴盛。今天，装饰用玉热度依然不减。

装饰用玉在新石器即已出现，多为形制简单的玉佩饰、玉耳饰等。商周时期佩饰玉大量出现，大多为扁平片状器。西周晚期至战国是玉器发展的繁荣时期，佩饰品种繁多，既有单件的佩饰，还盛行玉组佩，即由多种（块）玉联成的佩饰。汉代装饰玉器风格鲜明，阴线细如游丝，清晰有力，线条简练流畅，有“汉八刀”之称。唐代玉器数量不多，但出现玉飞天这种独具风格的佩饰。宋代以后，人物、动物、植物等各种玉佩饰极为盛行。明清时期，具有吉祥寓意的玉佩饰成为主流。

- **玉带**

玉带由玉銙、铊尾和带扣组成。

所谓玉銙，就是嵌钉革带上的方形或椭圆形玉板。玉板的数目不等，多的可达20多块，上雕绘图案。图案在明代以前多为人物形象，如有番人进宝、执凤头壶、持杯、乐舞、吹奏、击鼓等；明代中期兴起吉祥图案，如松鹤、麒麟、三羊、百兽等。

位于革带首末两端的玉板，称为“铊尾”。

玉带制度始于唐高祖李渊时期。《唐实录》记载：“高祖始定腰带之制，自天子以至诸侯、王、公、卿、相，三品以上许用玉带。”此语突显玉带在封建帝王制度下的等级观念和权力观念。唐以后的辽、金、元、明等朝代官仪中均沿用玉带制度。

### • 玉带钩

带钩是腰带上系的钩，因钩端常用龙头造型，故又称龙钩。其实除龙形外，还有其他造型。

带钩一般由钩首、钩颈、钩体、钩面、钩尾、钩柱、钩钮等组成；造型多种多样，常见的有水禽形、琵琶形、棒形、兽面形、耜形等。

带钩有两大用途：一是安装在腰带上，供悬挂东西用；二是分别套结在腰带的两端，两钩相挂，作为束腰用，犹如现在的皮带头。

玉带钩起源于新石器时代，一直延续到明清，但商、周、隋、唐较少见。各时期均有变化，具体区别如下。

**新石器时代：** 均为长方体，一端为孔，一端为钩，没有钩钮。光素无纹饰。

△ **黄玉龙带钩　清代**

长10厘米

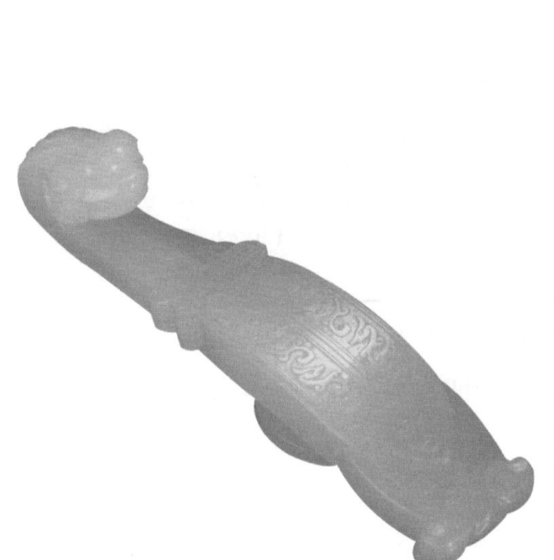

◁ **白玉螳螂捕蝉带钩　清乾隆**

长9.5厘米

此带钩选用上等白玉玉材，雕琢精美。正面圆雕螳螂头形钩，对面卧蝉。螳螂形首，双眼圆而突出，向前注视，钩身中部隆起，俗称“螳螂肚”，钩身上浮雕小蝉一只，双翅收拢，亦琢卷云纹钮靠近尾部，整件寓意“螳螂捕蝉”，为辟邪祥瑞之物；整器质地紧密细腻，包浆厚重自然，形态优雅流畅，题材别具匠心。

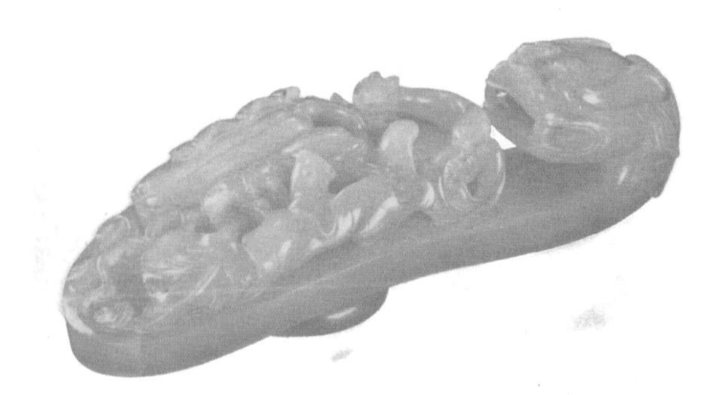

◁ **白玉带钩　清中期**

长11厘米

带钩白玉质，钩作龙首形，龙口方形，微张露齿，嘴角横琢一孔，额部较平，龙角贴于颈部，上面浮雕大小松鼠，调皮地游玩于累累果实之间，活泼可爱，栩栩如生。带钩，古人一般用于束腰、钩挂衣服或作随身小物品，或与配饰成组使用。

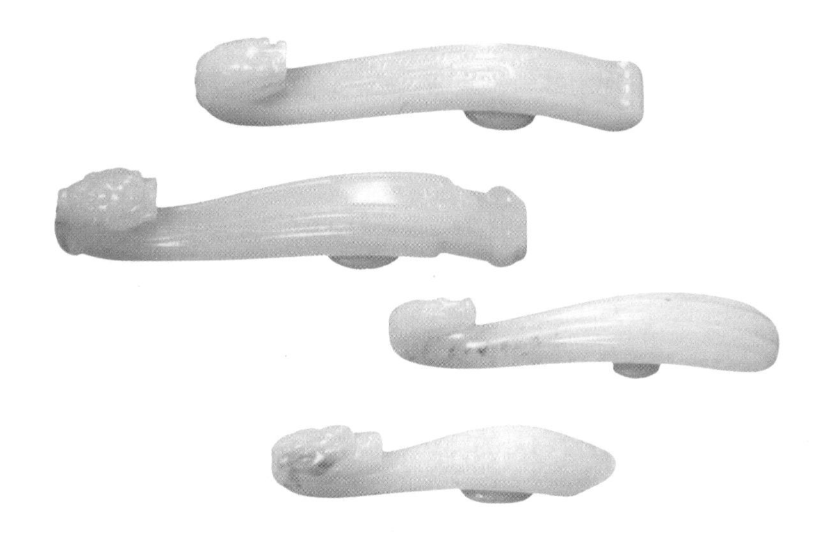

△ **白玉雕龙钩（一组四件）　清代**
从上到下分别长9.8厘米；长9.3厘米；长7.8厘米；长6.8厘米

**春秋：**呈“S”形，有的无孔无钮，有的有钩钮无孔。

**战国：**多呈棒形、琵琶形、耜形；钩钮多为方形钮，圆钮；部分带谷纹、“S”形云纹、花蕾纹、勾云纹等纹饰。

**汉代：**钩首较战国小，有鸭首、兽首、龙首等造型；钩钮多为圆形；玉带钩上现螭虎纹、双翼神兽纹等，或在钩身上采用打洼的雕法，呈现几道凹槽。

**魏晋南北朝：**首创龙首凤体造型，钩首与钩体的图案合一；钩钮多圆形，钮薄而小；纹饰线条较软，阴线条粗，为螭虎纹、穿云造型。

**宋代：**多仿汉代螭虎纹玉带钩，但螭虎纹脸呈斗方形，螭虎眼睛上挑，眼眉线条粗且深。螭虎脑门中间有一竖道阴刻线，为东汉首创。钩钮小于钩体，钮多为圆钮、椭圆钮。

**元明清时代：**造型多为琵琶形、螳螂形、圆棒形、条形、水禽形及各种兽形。钩首、钩背上出现灵芝纹、如意头纹、鸟纹、凤纹、龙首螭虎纹等纹饰。

• **玉项链**

项链是颈饰最常见的形式，是把一串串珠形器、管形器串在一起，两端系住，成为一圈。其长度较短，刚好绕颈一圈，通常称为颈链；如长可及胸，就称作项链。但也不必细分，通称为项链。

玉质项链出现很早，石器时代的墓葬中常发现绿松石项链、玉管项链。殷商时代墓葬中，也发现用蚌珠、琥珀、松石、软玉制成的珠形颈饰。西周和春秋战国时代的颈饰出土比较多，形状也富有变化，由多种器形组合而成。至今，项链仍是重要的颈项，样式造型极多。

用玉材做项链最珍贵的是翡翠，一件好的翡翠项链价值数十万元、数百万元是常事。其次有软玉、珊瑚、玛瑙、琥珀、绿松石等，如果是古董，其价值也不低，新的则价格要低很多。

**• 玉臂环**

玉臂环作为一种日常佩饰，新石器时代就已出现。新石器时代的玉环叫“蚩尤环”，基本造型为扁平的圆环状，玉环中心稍厚，边缘较薄，通体磨光，制作精致，有的在外壁表面雕琢出四组兽面纹。

战国玉环种类很多，有丝束环、云纹环、谷纹环、龙纹环等。玉环在汉代使用仍较普遍，或为佩饰，或为手镯，形制多样。魏晋时的玉环略有变异，环面素朴无纹，只在圆形外侧对称雕出两长方形凸起。唐代玉环呈圆形，体较厚，琢成内外六瓣莲花形，束腰。宋代有扁圆形玉环，如早期形制。明、清两代玉环多雕团龙纹、蟠螭纹及竹节形玉环，龙身多饰鱼鳞纹，旁衬卷云纹。

**• 玉镯**

玉镯是腕部饰品，由早期的臂环和瑗发展而来。人们认为玉镯也有辟邪及护身功能，将其视作龙的象征，佩戴玉镯有如龙体缠身护佑子孙。

唐代出现镶金玉镯。宋代玉镯呈圆环形，内平外圆，光素无纹。明清玉镯多见装饰，如联珠纹、绳索纹、竹节纹等。

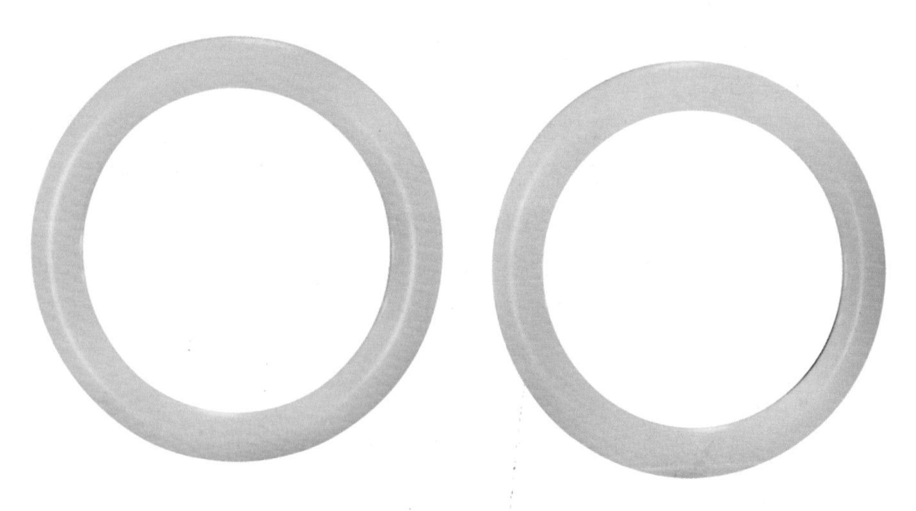

△ **白玉手镯（二件）　清中期**

内直径5.3厘米

△ **白玉雕龙纹镯　清代**

宽7.8厘米

手镯取材白玉，通体阳雕云龙纹，龙身细长，环绕盘踞镯身，上阴刻龙鳞，龙目传神，颇具威严。做工精致细腻，于清秀中见典雅华贵之气。

- **玉指环**

玉指环俗称戒指，指套在手指上的环形饰物。玉指环在新石器时代已出现，以后形制多有变化。从质地上看，可分为硬玉和软玉两类。硬玉指环即翡翠指环，价值最高。还有镶嵌各种宝石的指环，俗称“嵌宝戒指”，价值也甚高。

- **玉扳指**

玉扳指是套在拇指上的圆筒形饰物，古人射箭时用来开弓钩弦之用。古代也称“韘”，上面有洞眼和弯钩，洞眼便于穿绳系在腕上，弯钩作钩弦之用，其形状颇像靴子。后来这个筒状变成上下一般粗，也不再带钩，被称为“扳指”，成了手指上的一种装饰品。

△ **白玉山水图扳指　清代**

直径3厘米

△ **白玉扳指（二件）　清代**
直径3.1厘米，宽3.2厘米

◁ **青白玉带皮高士图扳指　清早期**
直径3厘米

▷ **白玉留皮子辰扳指　清中期**
直径3.7厘米

现在常能见到的玉扳指，大多就是这种既无钩、也无洞眼的简单的筒形饰物，所用材料多为翡翠、白玉、青白玉和碧玉，且多数是光素无纹饰。少数有纹饰，纹饰样式有乳丁纹、涡纹和云纹等。还有少量为人物或花卉鸟兽浮雕。

**• 玉梳**

玉梳又名栉，包括密齿和疏齿两类，疏齿类，名“梳”，主要用于梳发；密齿类，名“篦”，主要用于除垢。玉梳最早出现于陶寺龙山文化墓地，商代妇好墓也有出土。

**• 玉簪**

簪又名笄，古代用于插住挽起的头发，或插住帽子的一种装饰玉器。玉簪最早出现于龙山文化时期，但较少；商代较多，但为平顶，顶部有夔龙形首饰；西周玉簪为圆锥形，并分两股，顶端相连；隋唐玉簪为双股椎形，顶端为拱形，并出现了双股玉钗；宋代玉簪形式多样，以如意开兰、孔雀形居多，明代玉簪只有单股；清代玉簪比较华丽，细长，顶部成耳勺状，且有双股绳索纹，簪首有透雕的双狮戏球、梅雀等图案。

**• 玉笄**

玉笄是绾发用的细长尖头形玉器，有些上端有各色造型和纹饰。玉笄的用处是插入发髻，使其不会散开。男子的玉笄则兼有绾发、固冠双重作用。

**• 耳环**

在我们所看到的古代玉人纹佩上，常可见到其两耳下都琢有耳环，可见我们的先民很早就有戴耳环的习惯。这一习俗绵延不断，一直延续至今。耳环的材料多用翡翠和软玉，其形状也多姿多彩。

**• 玉**

玉瑱是古时的一种耳饰。佩戴有三种说法：一是塞于耳中；二是系于笄簪，悬于耳侧，该说法为主流；三是先在耳垂穿孔，穿孔佩戴的，即现代人们所说的耳坠。

《文献通考》曰：“瑱不特施于男子也，妇人也有之，不特施于冕也，弁也有之。”说明古代用瑱非常普遍。上海青浦县福泉山墓葬、巫山大溪新石器时代遗址及广东曲江石峡墓葬中都有发现。

**• 戚璧**

有人称为“牙璧”，形状像玉兵器中的“戚”，外边有齿牙。戚璧的器型有很多不同，是依据其中间孔的大小而定的。

第一种，中孔的大小可以容发，边缘比较锐利，为束发之器；

第二种，中孔颇大，边缘不锐利，像是在外缘上刻几个缺口，故可能是镯子；

第三种，中孔极小，不能束发，也不能佩在臂上，可能佩在腰间，作为腰间佩饰。

**• 帽正**

帽正是一种缝在帽子上的装饰玉，多为圆形，扁而平，上大下小，底下有象鼻眼，既有美观的作用，又有“正冠”的实用功能。唐宋元三代已有流行，明清两代使用较多。

**• 璎珞**

璎珞是一种颈饰，通常是用线缕穿一串珠玉制作而成。璎珞和项链虽然同为颈饰，但在器型上有着不同，璎珞在项链环状的基础上又增加了若干条对称下垂的珠串，更显丰富和华丽。

**• 翎管**

翎管是清代朝服官帽顶上插翎子用的饰物。顶戴花翎，是清代高官显贵的标志之一，由皇帝赐戴。花翎就是孔雀尾部的翎羽。翎子是划分品级的标志。文官依官阶插黄翎、蓝翎、花翎，武官则用雕翎、雁翎。按官阶又有一眼、二眼、三眼翎之分。

翎管呈一端略粗的圆柱形，一般长约7厘米、直径为0.5~2厘米，圆柱顶部突出一鼻儿，鼻上钻一横孔，用以连接帽顶。圆柱下部(即粗的一端)中空，用以插翎子。制作翎管可选用多种红宝石、蓝宝石和翡翠。

**• 玉锁**

以锁形为玉坠，表面刻有文字“长命百岁”“永葆青春”“玉堂富贵”等吉祥语，多用于儿童佩戴。

△ **白玉福寿康宁锁　清中期**

高9.1厘米

玉锁呈如意云状，锁栓下镂空，用以佩戴，玉锁正面减地刻“福寿康宁”四字，另面浅浮雕灵芝、牡丹等花草纹饰，寓意“长命富贵”。

• **玉刚卯**

玉刚卯又名玉严卯，方柱状，中有穿孔，以作穿绳佩挂之用，一般高约2厘米、宽约1厘米，大小不尽相同，四面皆刻有两行咒文，通常刻34字，有的刻32字，经常成双佩戴，用以护身辟邪。

玉刚卯主要流行于汉代，后世多有仿品，但与汉代风格不同。

据说，雕此物须看时辰，应在新年正月出卯时动刀，时辰一过，即要停止，故曰“正月刚卯”。

刚卯上的字体为古代殳书，减笔假借，非常难认。也有的刚卯，用汉隶或小篆，一般认为凡字体清朗可读者，皆后人伪刻。

• **司南佩**

司南佩形状像是一件两层的扁方勒，中间凹细处有一个横着的穿孔，为穿绳用。器的两端上，一端雕一把小勺，一端琢一个小盘。这小勺、小盘始出于汉代，当时被用来祈求天神的指导，具体操作是：勺置于盘上，令其旋转；转动终止后勺把所指，即揭示吉凶与方向。后来，玉匠摹状而琢成佩饰，便有了“司南佩”。古人认为，出门挂司南佩“是为吉祥”。

- **玉人**

玉人佩饰在历朝历代均有出现。玉件人物又可具体分为仕女、老人、小孩、佛像、仙人、神话人物、历史人物、外国人像等。

**时代特点：**年代不同，玉人造型有别。例如，新石器时代，玉人多为人面造型；商代玉人多圆围成跪坐、蹲踞或双手扶膝状；战国时期出现玉舞人；汉代玉人的雕琢不强调精细入微，而是以流动的弧线表现玉人的总体精神；唐代玉人富生活气息，如玉人骑象；宋金时期的玉人多为儿童造型，艺术逼真；明清两代喜雕各种吉祥喜庆、戏嬉游乐的玉人，如嬉婴、罗汉、寿星、仕女之类。

△ **白玉浮雕刘海戏蟾牌　清代**
高5.2厘米

△ **白玉寿星童子摆件　清代**
高13厘米

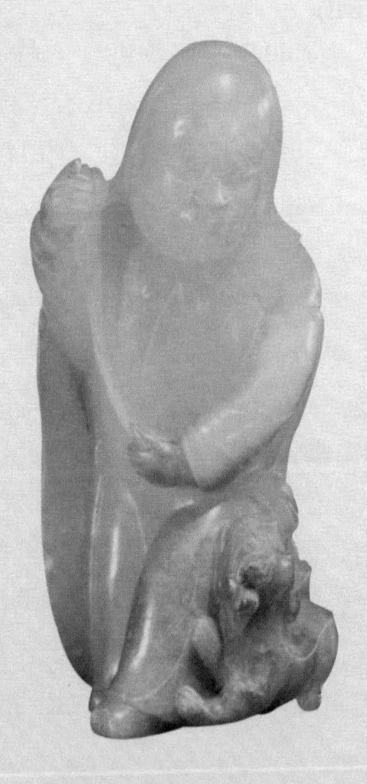

△ **白玉人物戏兽　清中期**
高7.5厘米

△ **白玉人物佩　清代**
高6厘米

△ **白玉人物山子摆件　清代**
高18厘米

▷ **白玉陶渊明像　清乾隆**
高15厘米

**玉人佩工艺特点：**雕刻玉人佩时，通常使用高档玉料，一般都选用质地细润、颜色均匀的翡翠、珊瑚、白玉、青玉、碧玉、青白玉、青金石、绿松石等。

作为饰佩器的玉人，一般形体较小，立体雕，有穿孔，便于系绳。另外，还有一些玉人用于居室陈设、赏玩，历史上也较多见。

**特殊玉人佩—翁仲：**翁仲为辟邪之玉器。翁仲本是泰国战将，姓阮，安南人，武艺高强。他死后，被雕成石人用来守护坟墓、宫廷。玉翁仲则可随身佩带，驱除邪魔。玉翁仲造型十分简单，穿孔方法或从头至足通心穿，或从头至胸腹间分穿两洞。

- **玉凤**

龙和凤是我国古代最神异的兽和鸟，所谓龙凤呈祥，凤不仅常和龙出现在同一个图案上，而且凤单独造型的玉雕也常见。殷墟妇好墓出土的一只玉凤，造型雍容华贵，气度不凡，堪称“中华第一凤”。其他各式造型的玉凤很多，大多也为板状体、侧面形。

△ **白玉龙凤佩　清代**

长7.6厘米

△ **白玉凤纹佩　清代**

高6厘米

△ **白玉人物牌　清代**
高6厘米

△ **白玉鹊桥相会诗文牌　清代**
高5.6厘米

△ **龙凤对牌　清代**
长5.5厘米，高5.8厘米，重26.9克/28克

## • 玉羊

常见的生肖器之一，因为古代“羊”通“祥”，“大吉祥”常写作“大吉羊”，所以以羊为题材的玉雕就特别多。一般玉羊多为立体形雕，作为佩饰玉，中间有一通心穿孔。

◁ **玉雕卧羊　明代**
长7厘米

△ **白玉羊　明代**
长6.5厘米

△ **白玉羊摆件　清代**
长5厘米

◁ **白玉鹿　清代**
长5厘米

**• 玉鹿**

由于鹿的姿势非常优美，所以古代“美丽”的“丽”字即和鹿有关。玉雕中玉鹿出现的频率相当高。有立体雕的，也有板状体、侧面形的，造型或夸张其鹿角的分枝，或突出其吉祥瑞和。后来又赋予“鹿”以“禄”的含义，因而更为世人所钟爱。

**• 玉兔**

兔也是可爱的动物之一，加上关于天上玉兔的传说，兔也成为玉雕家最爱表现的题材。玉兔有立体雕的，也有板状体、侧面形的，一般都喜夸张其颀长的耳朵。

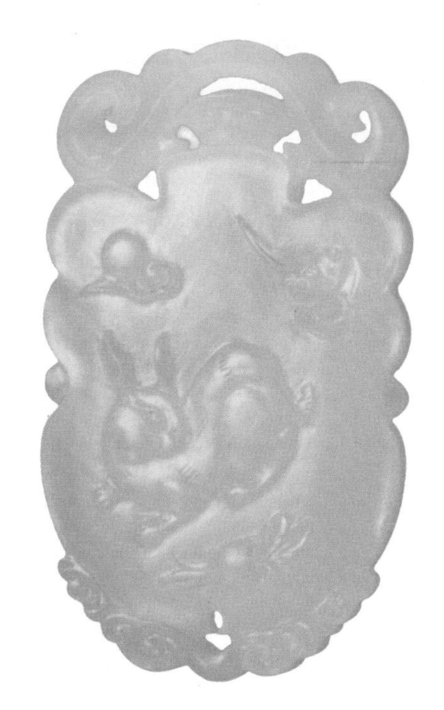

△ **白玉玉兔望月佩　清代**
高6.7厘米

• **玉辟邪**

辟邪是一种传说中的动物，因有“辟除邪恶”之意，故为古人所重。其体形有些像狮子，有角（独角或两角），有翼，其形制不遵规矩，常同中有异，异中有同。

• **玉麒麟**

麒麟也是一种瑞兽。与龙、凤、龟并称为“四灵”。其身体像鹿，头形像羊，有角，牛尾，马蹄。由于是想像传说中的动物，故记载不尽相同。陆游诗句，“腰佩玉麒麟”，可见是古人佩饰玉之一。

△ **白玉辟邪佩　元代**

高6.5厘米

辟邪以白玉透雕而成，通体刻玉避邪，辟邪踞坐，曲颈仰天而望，形态生动逼真，线条流畅，局部有金红色沁，更显色泽之丰富，为配饰佳品。辟邪为古代传说中的神兽。似鹿而长尾，有两角。相传此灵物嘴大能容，能够招财纳福，极具灵力。

△ **白玉雕双麟纹摆件　清乾隆**

长13.5厘米

此件玉麒麟以整块白玉雕琢而成，体量较大，采用立体圆雕手法，兼以透雕、深雕、阴刻等多种工艺琢制。麒麟前肢呈立姿，后肢坐卧，顶有独角，双目圆睁，昂首前视，双耳后掠，口衔灵芝，牛蹄形足，宽长狮形尾。背负一幼麟，幼麟跃然回首，前匍后立，造型生动可爱。

▷ **白玉雕麒麟背书摆件　清乾隆**

长8厘米

此件玉麒麟以整块白玉雕琢而成，采用立体圆雕手法琢制而成。麒麟呈立姿，牛蹄形足，前肢一足向后抬起，作行走状，宽长狮形尾，尾向背卷并紧贴。麒麟顾盼回首，口吐烟雾，背负书，书下有祥云。

△ **青白玉雕麒麟献瑞镇　清乾隆**

长8.6厘米，宽3.2厘米，高6.5厘米

以青白玉精制而成，圆雕麒麟四肢趴伏于地，口衔灵芝，扭头后望，气势威猛。麒麟头生独角，双眼圆凸，须发后扬，腿足蜷曲，自肋下生出双翼，尾分三叉上卷。灵芝、兽口用镂雕之法刻画，双翼、尾部、四肢则以高浮雕表现，腹部以简练斜刀雕出浮凸的肋骨，须发处施细密的阴线，腿鳞、脚趾、腮纹等亦一一刻画，甚至于瑞兽扭首时颈部产生的纹褶也毫不遗漏，工艺制作一丝不苟，尾部及灵芝借玉纹略作俏色。

△ **碧玉雕麒麟吐书摆件　清乾隆**

长18厘米，高12厘米

以凸、透、深雕、阴刻等多种工艺立体圆雕而成。麒麟卧伏，回首，双目圆睁，身躯饰鳞纹，牛蹄足向内弯曲，狮形尾上翘挺立。口吐烟云，背负书，书下有祥云承托。古称麒麟为仁兽，是祥瑞象征，且能吐玉书。相传孔子诞生之前，有麒麟吐玉书于其家院，上书“水精之子孙，衰周而素五，征在贤明”。至今，在文庙、学宫中还以麟吐玉书为装饰，以示祥瑞降临，圣贤诞生。此后，“麒麟送书”“麒麟送子”逐渐成为祝颂之辞，喻意早得贵子。

## • 玉蟾蜍

蟾蜍俗称癞蛤蟆，样子本不受人喜欢。但传说月亮上有蟾蜍，同时传说中的“刘海戏金蟾”与财富有关，故玉蟾蜍也受到青睐。特别是一种三足蟾，更是人们为求发财而争购的对象。

▷ **白玉浮雕刘海戏蟾福寿牌　清代**

高7厘米

◁ **白玉蟾蜍　清代**

长5.6厘米

玉蟾以质地优良之和田白玉雕琢而成，质地柔润洁白，整体圆雕白玉蟾蜍，肥美圆润，讨人喜爱。蟾蜍在我国古代传说中有着丰富的故事，月宫常被比作玉蟾，而象征财源吐纳的金蟾也广为人们所喜爱。

- **玉鱼**

鱼因为和人类的日常生活息息相关，所以自殷代开始，历代都有出土或传世的玉鱼，其形制也没有太大的变化。后来又赋予“鱼”以“余”的含义，“年年有鱼”即成了“年年有余”的同义词，玉鱼更成为人们喜爱的佩饰。

△ **白玉双鱼盘　清乾隆**

直径 14厘米

△ **青白玉吉庆有余纹佩　清中期**

高5.8厘米

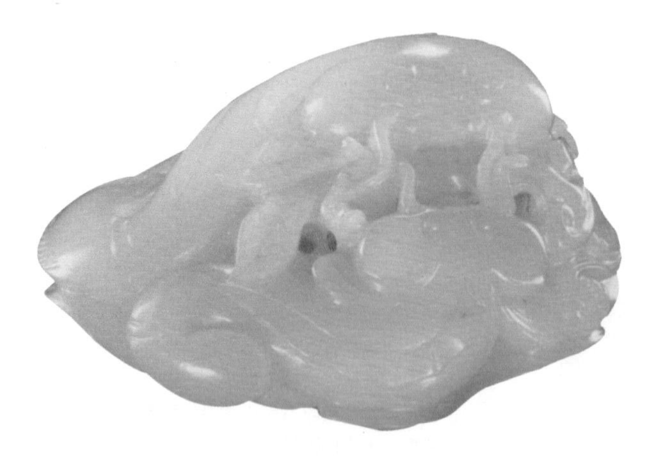

◁ **白玉鲶鱼佩　清代**

长6厘米

佩白玉质，圆雕一大一小两条鲶鱼，身体皆弯曲，大鱼头微抬，小鱼伏于大鱼身前，两鱼两两相对，中有一枝灵芝。鱼扁平头，大口，圆眼，长须，身体肥硕。“鲶”谐音“年”，“鲶鱼”寓意“年年有余”。整件玉质莹润洁白，几无杂质，刀法圆浑，风格写实，材质雕工俱佳，题材吉祥，喜闻乐见，实为妙品。

▷ **白玉鱼　清代**

高9厘米

## • 玉鸟

鸟的种类很多，常见的玉鸟有枭（俗称猫头鹰）、鹰、鹤、鹦鹉、鸽、雁、鸳鸯、燕、天鹅等。有些以凶猛著称，早期的玉鸟多为鹰和枭；有些以吉祥闻名，如仙鹤即为长寿的象征；有些则以美丽可爱而招人喜欢，如鹦鹉、鸽、鸳鸯等，其中鸳鸯还是爱情的象征。

△ **黄玉龙凤尊　清代**

高16厘米

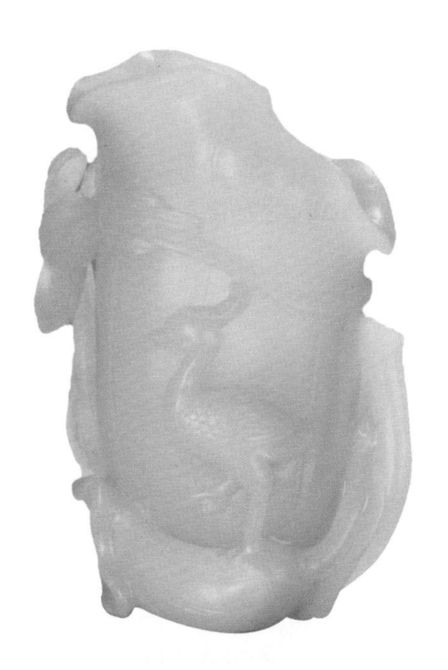

△ **白玉一鹭莲科摆件　清早期**

高12.5厘米

△ **白玉圆雕天鸡尊　清代**

高18厘米

△ **白玉圆雕天鸡尊　清代**

高27厘米

天鸡尊以整块白玉雕琢而成，玉质局部有黑色沁。天鸡昂首直立，双翅紧贴体侧，双翅羽毛弯卷而上，长尾弯卷垂地，喙边长须飘逸，站立于花轮之上。其背负一方口尊，尊盖顶双凤鸟扭身对视，方口，束颈，折肩，直腹斜收。

**• 玉獾**

獾为寒带动物，体形大小如狐狸，其毛皮可制作床垫。“獾”谐音“欢”，故玉雕佩件中常会有玉獾出现，并以两只獾合雕在一起为多，寓意“合家欢”，是佩饰馈赠之佳品。

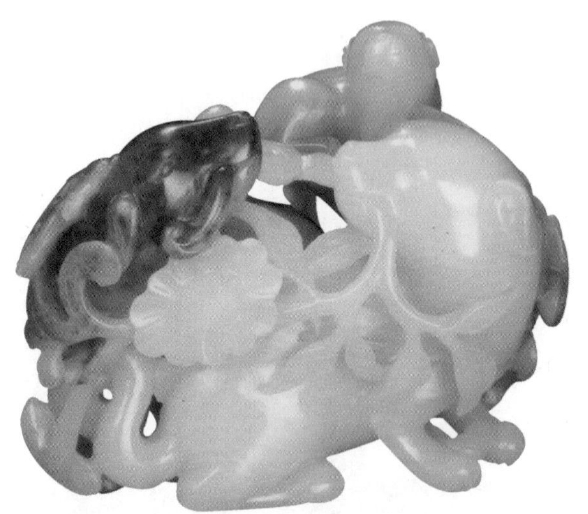

◁ **白玉四色巧雕瑞兽同欢纹摆件　清早期**
长10.5厘米

**• 玉莲藕**

莲藕为高洁之植物，它出淤泥而不染，加之“藕”谐音“偶”，藕又寓有“节节通”之含义，因此玉雕佩饰件中常有玉莲藕、玉藕片出现，其多重文化内涵尤为世人所喜爱。

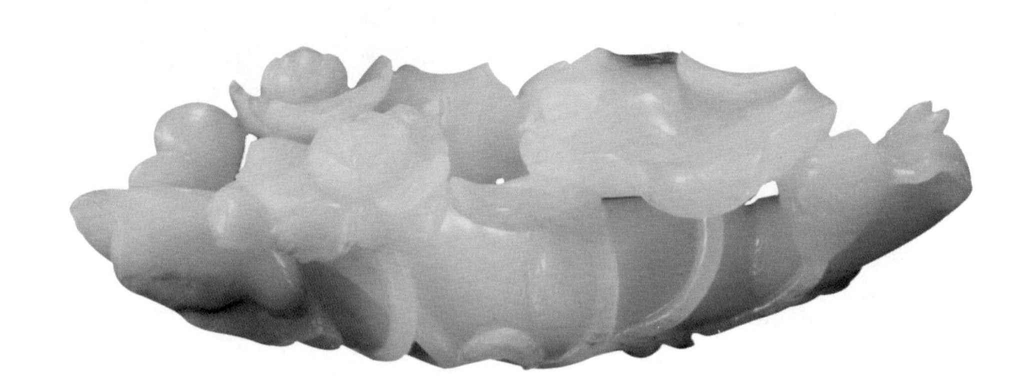

△ **白玉莲藕摆件　清中期**
长14厘米

## 4 殓葬用玉

古人信奉灵魂不灭，死后入葬希望“永垂不朽”。灵与肉同。而玉器被认为有神奇的功能，能使尸身不腐烂，因此从战国时期起便已形成了比较完整的葬玉制度。

人们将陪葬的玉器统称为葬玉。葬玉有狭义和广义之分，广义的葬玉泛指一切随死者葬在墓中的玉器，如礼玉、佩玉、日常用玉等；狭义的葬玉指专门为保存尸体而制造的随葬玉器，而非泛指一切葬在墓中的玉器。

常用丧葬用玉包括玉衣、玉琀、玉握、玉塞等。

**• 玉衣**

玉衣用丝线将各种形状玉片连结起来组成的甲胄状殓葬用玉器，称作玉衣，也称为玉匣。玉衣由头罩、臂套、手套、上身套、腿套和脚套6个部分组成，按连结丝线质地的不同，玉衣可分为金缕玉衣、银缕玉衣和铜缕玉衣3种。

玉衣是严格的等级制度的产物，在汉代只有皇帝、诸侯可以使用。连结丝线质地的高低，是区分身份地位的标志。

制作玉衣的玉片一般为方形或长方形，局部为梯形、三角形或多边形。每片玉片的四角各有一个穿孔，以备缀结用。到曹魏时期，这种葬式绝迹。

玉衣往往与琀玉、塞玉、握玉、玉枕等匹配使用，都属于殓玉。

**• 玉**

玉琀也叫琀玉。顾名思义，指含在口中的玉。含玉主要有两种形式，一是蝉形，一是圆柱体，两端稍圆滑。另外，还有龙形、不规则形，及未加工的碎玉块等。玉蝉形制较简单，在一块小玉上用简单的几刀琢刻出双眼、头部和双翅，及简单的纹饰即可。蝉在中国古人的心目中地位很高，向来被视为纯洁、清高、通灵的象征，含于口中则祈求死者身体不受邪魔侵扰，同时净化身体，以求进入仙界。它出现的时间较早，在新石器时代晚期就已有发现，后来一直兴盛不衰，直到南北朝时期仍有发现，唐宋以后渐少。

**• 玉塞**

玉塞为殓玉之一。与琀玉相似，只是放置部位不同，有耳塞、鼻塞、肛塞和眼塞等，是为九窍塞。塞玉都是很简单的小型圆柱体玉，也有的一端平直，一端圆尖，类似子弹头。个别的也有依照放置部位的形状制成的，但也只有象征性的样式。它们放置的方法略有不同，耳塞、鼻塞、肛塞、口塞、（琀玉）直接塞入孔窍之中，眼塞则是覆盖于双目之上。

**• 玉握**

玉握是殓玉之一。握于死者手中的玉器，有的为璜形，有的则是猪形，也有其他形状。其中以玉猪或滑石猪在汉代至南北朝时较为流行，它的造型、纹饰都很简练。

**• 玉枕**

玉枕是殓玉之一，是玉衣葬中不可缺少的物品。器型一般是长方体，中间略凹，复杂一些的则在两端及四面装饰浮雕、透雕或阴刻纹饰。

## 5 | 生活用玉

随着社会的发展，玉器原始的等级分明的礼器和葬器等功能逐渐削弱，其作用更多地体现在日常生活中，变为实用器具，即生活用玉。生活用玉可分为两类。

一类是日常生活用具。这类玉器包括玉瓶、玉杯、玉碗、玉壶、玉盘、玉盒、玉盆、玉香炉、玉花插等。这类用具多为王公贵族的奢侈品，做工精细，多雕饰复杂花纹。但由于其用材较大且不易掏膛，故在宋代以前很少出现大规模制作，品种较少，数量也不大。到了明代这类玉器具才开始大量制作。

另一类是文房用具，指在书写和绘画过程中实际使用的玉制文具，包括笔杆、笔架、笔洗、砚滴、砚台、印章、镇纸等等。它们大约出现于宋代，明清时期达到鼎盛。工艺不一而足，有光素无纹的，有琢刻文字诗句和图案纹饰的，还有浅浮雕、透雕、圆雕各种动植物纹样的。

△ **白玉高士双耳杯　明代**
直径10.5厘米

**• 玉纺轮**

玉纺轮是纺纱线的工具。从出土情况看，玉纺轮出现于新石器时代，夏商亦有。

玉纺轮形制大同小异，均呈扁平状或中部略厚边缘渐薄的圆体，中心还有一圆孔，可插进一竹木材料做成的轴杆，整体似同期或后出现的系璧。

**• 玉杯**

杯是盛酒、水、茶等的器皿，多为圆筒状或喇叭状，比碗小。玉杯形制丰富，有带柄、无柄之分，纹饰图案丰富，以汉代、宋代、明代和清代的最为出名。

△ **白玉三螭杯　明代**
直径12厘米

◁ **白玉铺首耳杯　明代**
直径13.4厘米

△ **白玉杯（一对）　清雍正**
直径7.9厘米

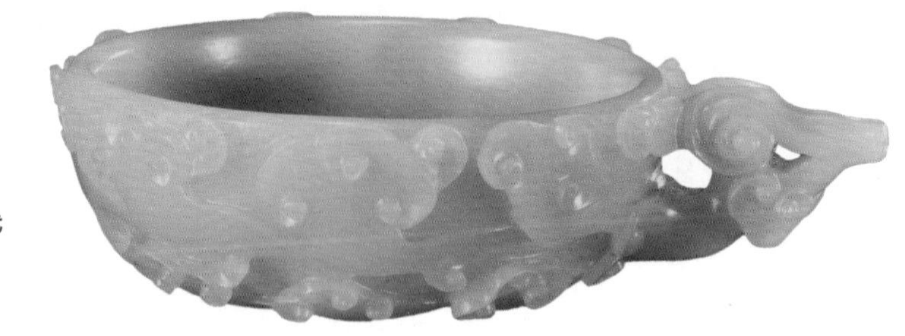

▷ **黄玉灵芝纹把杯　清代**
直径11.5厘米

### • 玉盒

明代为多，造型有方盒、圆盒、桃式盒、荔枝盒、银锭盒、蔗段盒、蒸饼盒等式样。

方盒有较多变形处理，有的上宽下窄，底部有足；有的上下等宽，底部稍凹；有的盒盖隆起；有的四壁稍有弧度。

◁ **白玉花卉圆盒　清乾隆**

直径14.2厘米

玉盒呈圆形，质地优良，莹润洁白。整体造型圆润精致，各种线条十分优美。盖盒上下子母口扣合，外壁修整圆润，下承浅圈足。仅盖面浅浮雕十字形卷草花叶纹饰，所刻纹样枝叶宽阔，姿态舒展，有明显欧洲宫廷洛可可式花卉风格，是为清中期西方艺术元素在中国宫廷之中流行之际的创新艺术作品。

▷ **白玉卧蚕纹圆盒　清中期**

直径8.3厘米

玉盒呈圆形，盖与身各占一半，均呈半球形，盖钮做方状，内套活环。玉盒外壁主体纹饰为卧蚕纹，与盒盖对应的盒身纹饰布局相同，一一对应。此件圆盒不但质地纯美，雕琢也精细异常，是为不可多得的玉雕佳品。

◁ **白玉龙纹盖盒　清代**

直径7.7厘米

玉盒以整块玉料雕琢而成，呈八方型，盒盖及盒身高矮相同，盖钮立体圆雕二龙戏珠，侧壁雕暗八仙纹，盒身侧壁则统一为夔龙纹，下出短足。玉盒无论材料或是雕工均极为昂贵，极富收藏价值。

## • 玉灯盏

古代点油灯照明，灯盏多为铜、陶瓷所制，玉制较少。玉灯盏的形制较多，有高足、斗式、钟式、荷叶形等。玉灯盏的耳柄也有诸多造型，如双童耳、双龙耳、双花耳等，颇具特色。

北京故宫博物院现存一座战国玉灯，高12.8厘米、盘径10.2厘米，由盘、支柱、底座三部分组成。灯盘圆形浅腹，中心凸起一团花柱，底座呈覆盘状，表面浅浮雕出柿蒂纹，边缘和底座内部饰勾勒连云纹。

△ **青玉大碗　清乾隆**
直径17.2厘米

## • 玉碗

受工艺技术影响，明代以前玉碗不多。明代玉碗胎较厚，有敞口、直口两种，圆形，碗外壁饰有龙、鱼、花卉、山水人物等纹饰。

花卉纹玉碗多为永乐、宣德年间的作品，碗壁饰有大花、大叶，叶面和花瓣上布局不满，留有较多的空白，雕法多是在图案边缘处以斜刀剔下，图案表面与碗壁近似于一个平面上，或用浅浮雕凸出图案。

龙纹、鱼纹的玉碗多为嘉靖年间以后的作品，龙身细长如绳，爪如风车，发短而前冲，环眼如灯。

△ **青白玉镂雕缠枝花卉纹碗　清代**
直径10.5厘米

◁ **白玉如意纹盖碗　清中期**
直径9.5厘米

◁ **白玉碗　清代**
直径9.3厘米

▷ **白玉痕都斯坦碗　清代**
直径17.5厘米

此件作品以和田白玉为材，雕琢海棠式痕都斯坦风格玉碗，碗身光素琢磨精致，外壁近足处以浅阴线雕花叶纹，碗左右装饰花苞状双耳，整体风格灵动柔美。

◁ **青白玉盖碗　清代**
直径 10.2厘米

**• 玉手杖**

手杖，古代也称权杖，早在新石器时代晚期就已出现。有一种由石或青铜制造的“骨朵”形杖头，又称“石骨朵”。

玉质手杖在历代均有发现，在器型上区别较大。汉代玉手杖最为珍贵，其通常分节制作，由凤鸟形杖首及下部数节玉块组装成器，连接的各节之间用青铜棍从中心镶牢，有的杖节部做成竹节状。圆柱杖体上常琢浮雕螭龙纹、凤鸟纹、云气纹等。

**• 玉樽**

玉樽是古代一种大中型温酒或盛酒的器皿。樽一般为圆形，直壁，有盖，腹较深，有兽衔环耳，下有三足。盛酒樽一般为喜腹，圆底，下有三足，有的在腹壁有三个铺首衔环。

现存玉樽主要为汉代器型，呈筒状，上饰有带状夔凤纹、凸起的螺旋谷纹等图案。

**• 玉瓶**

玉瓶是清代重要的玉陈设，大玉瓶高度在50厘米以上，有圆肚瓶、观音瓶、齐肩瓶、八棱瓶、方瓶、扁瓶、葫芦瓶、宝月瓶等几十种。

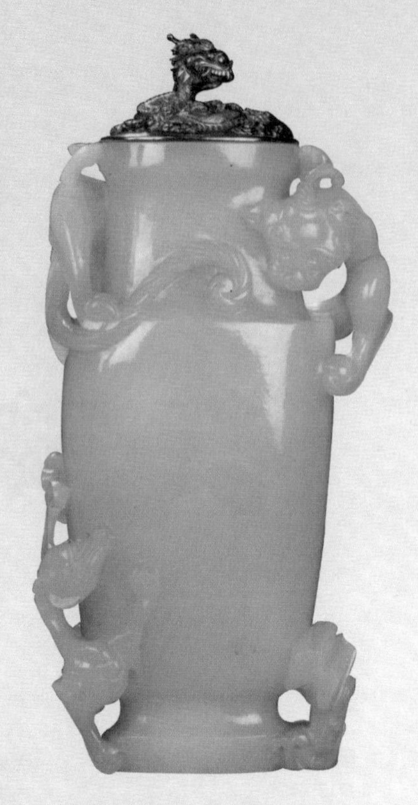

△ **白玉雕螭龙瓶　清早期**

高16.2厘米

▷ **白玉饕餮纹双耳扁瓶　清乾隆**

高30.8厘米

◁ **白玉八吉祥如意耳扁瓶　清乾隆**

高13.5厘米

此扁瓶白玉为材，玉色青冽，玉质温润莹泽，手感舒适。瓶圆口，短颈，溜肩，圆扁腹，圈足。颈、腹以如意耳相连。瓶口及圈足处以回纹装饰，腹部圆形开光雕刻八吉祥图案，寓意美好。有法螺、法轮、宝伞、白盖、莲花、宝瓶、金鱼、盘长八种吉祥物，又称佛教八宝，象征佛教威力的八种物象。

▷ **白玉锦地开光花鸟铺耳盖瓶　清嘉庆**

高16.7厘米

小瓶方体，上有素纹宝珠状抓钮，盖口出沿，瓶口部做阶梯状，饰回字纹一周，颈部以下为莲瓣纹，盖面及瓶身满雕菱花纹，绵密有序，左右肩部饰以铺耳，下有衔环。瓶身正反两面均开光刻花卉纹饰，一面为荷塘春燕，另面为折枝花鸟纹，制作精良细致，底刻“嘉庆年制”四字篆书款。

**扁瓶：**瓶体扁而高，有四方、八方、斜方、腰圆等形，上部较下部宽，颈两侧有双耳(可为象耳、兽耳、鹿耳、贯耳、花耳之一)，耳下有活环，方形或椭圆形足，瓶上有盖，盖纽大多采用卧兽、花蕾、叠片、寿星等。

**宝月瓶：**壶腹为扁圆形或椭圆形，颈两侧有耳，腹部饰花卉、人物、山水等图案，或琢诗句。

- **玉杵臼**

玉质的杵臼。杵为舂米用的棒槌，臼为中间凹下的舂米器具，两者须合用。唐裴硎《传奇》曾写及有神仙所遗灵丹，但须玉杵臼捣600日，故后世也以玉杵臼比喻难得之物。宋陆游诗有“难逢正似玉杵臼”。

- **玉花觚**

清代称觚为花觚，能用于插花或其他物件。清代花觚同明代花觚有明显的区别。明代花觚较粗笨，兽面纹及蕉叶纹也较简单，出戟，戟较粗大。清代花觚种类较多，有的仿古，有些非仿古，花觚分为上、中、下三部分，上部、下部似喇叭，中部似鼓，横截面有方形、长方形、斜方形、圆形、椭圆形、海棠形等。装饰纹样有仿古图案，吉祥图案或条纹。清代的兽面纹比明代要复杂，形状也有区别，兽面两侧有较多的装饰图案，凸起的线条细而浅。

△ **青玉饕餮纹出戟方觚　明晚期**

高20厘米

◁ **黄玉雕菱式花觚　清早期**

高15厘米

菱式花觚以黄玉为材，质地纯净，色如蒸栗。造型仿自商周青铜觚而稍加变化，通身菱方形，器形瘦长挺括。光素无纹，仅于腹部上下起二层台阶，颈部、腹面及胫部略有弧线起伏，寓圆于方，转角线条皆笔直劲挺，张弛有度，体现了卓越的造型能力。工艺娴熟利落，掏膛规整，抛光细腻，质料珍贵，气息古朴典雅，体现了清早期高超的治玉水平。

△ **白玉出戟花觚　清乾隆**

高24厘米

▷ **白玉雕九龙方觚　清乾隆**

高19厘米

此器为白玉质，玉色白润晶莹，亮洁无瑕。觚口侈口呈方形，颈部向下收敛，腹部呈方鼓型，其下外侈。觚身光素无纹，外壁镂雕数只螭龙蟠伏其上，环绕壁身，造型各异，威严而不失灵动，光洁的觚壁将众螭龙衬托得愈加精致立体。整器为乾隆时期仿古玉器之精品，造型精美，典雅大方，玉质精良，纯净明润，工艺巧妙。

## • 玉壶

壶是日常生活用具之一，玉质的壶比较常见，其形制也最富于变化：一部分仿古代青铜器鼎、簋、壶、钫、豆、鉴、爵、角等，兽耳、腹部饰兽面纹；一部分仿瓷器形的玉壶春、葫芦瓶、棒槌瓶、双筒瓶等作品。其中明代玉执壶享有名气，有莲花壶、菱瓣式壶等多种样式。

玉壶有高洁之喻意。鲍照《白头吟》之“清如玉壶冰”；王昌龄《芙蓉楼送辛渐》之“一片冰心在玉壶”，都以玉壶比喻高洁。

△ **白玉龙纹方壶　明万历**

高14厘米

此白玉壶用一整块玉料雕成，方口，短直颈，方体，下为矮圈足，短直流，四方薄盖覆于口上。双龙盘于盖上，桃形钮，方直把手。壶腹两面对称浮雕海棠形上刻龙纹。所雕飞龙，身躯蜿蜒，曲颈昂首，颈部细小，四肢遒劲有力。龙纹周身环饰缠枝花草，整体纹饰繁而不乱，层次分明，展现了高超的工艺。壶盖与壶身浑然一体，整体各部比例恰到好处，质朴而高雅。

△ **玉雕八仙寿星执壶　明代**

高21厘米

△ **青白玉春光万寿执壶　明晚期**

高23厘米

△ **青白玉莲纹执壶　明晚期**

高18厘米

△ **白玉雕龙首云纹茶壶　清中期**
高19.5厘米

◁ **白玉龙纹凤钮盖壶　清代**
高20.9厘米

**• 玉香炉**

玉香炉是插放燃香的用具。形式多样，常见的有荸荠扁炉、高庄炉、亭子炉、冲耳高足炉、鼎式炉、簋式炉等。有的有盖，有的无盖，有的则雕有各种纹饰。

**• 玉质鼻烟壶**

鼻烟壶是装鼻烟的器具，清代盛行吸鼻烟，因而鼻烟壶也非常讲究，佩带上品的鼻烟壶成为一时的风尚。传统玉器都可制作鼻烟壶，如水晶、玛瑙等，但最珍贵的还数硬玉中的翡翠和软玉中的羊脂白玉。其形制为小而扁，具体造型和纹饰则千变万化。

**• 玉钵**

钵是僧人的餐具。一些古代的玉钵上缀有云龙、云蝠、云螭、写经、七佛等图案或者文字，形态不一，各有其妙。

**• 玉笔架**

笔架又叫笔屏，上有插孔，将笔向上倒插于插孔内。

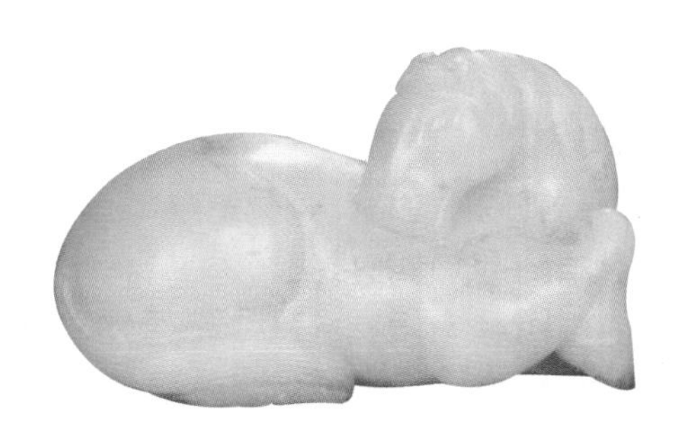

△ **白玉雕卧马纹笔架　明代**

长6.5厘米

△ **白玉雕一统江山龙纹笔架山　清乾隆**

长19厘米

△ **白玉五子登科笔架　清代**

长15.7厘米

**• 玉笔搁**

笔搁或称笔格，是架笔用具，即在书写、绘画过程中暂时放置毛笔的用具。器型有山字形、山峰状、桥状等。

**• 玉笔筒**

一种放置毛笔的用具，使用最为广泛。形状基本为圆筒状，一般均加浮雕。

△ **白玉浮雕四君子方笔筒　清乾隆**

长5.1厘米，宽5.1厘米，高9.6厘米

△ **白玉雕岁寒三友笔筒　清代**

高10.6厘米

△ **白玉岁寒三友诗文方笔筒　清代**

高12.2厘米

◁ **白玉梅花诗文笔筒　清中期**

高8.2厘米

此件笔筒以上等和田白玉精心雕琢，质地洁白温润，通体纯美无瑕。圆口直壁，掏膛整挖，中空以纳笔。外壁浅刻梅花及诗文，素洁淡雅，雅意超群，是不可多得玉雕文房精品。

### • 玉水注

水注也称水中丞、水滴、水盂，是蓄水研墨用的器具，器型五花八门。玉质水注如白玉婴戏水盂、青玉三元水盂（三元代表解元、会元、状元）等。

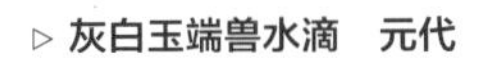

▷ **灰白玉端兽水滴　元代**

▷ **白玉雕吉庆有余纹水盂　清乾隆**

直径9.8厘米

此水盂用整块和田白玉制成，莹润细腻，质若凝脂。器呈桃形，口沿内敛，下承三足，足作蝙蝠状，与两侧双耳之蝙蝠合围于桃形洗之侧，以为五福捧寿之意。口沿浮雕一罄，与喜字绶带相系，垂于外壁，贯穿前后。

◁ **白玉欢天喜地吉庆水盂　清代**

直径8厘米

## • 玉笔洗

笔洗是专用的洗涤毛笔用的文房用具，比水注稍大，因要盛放更多的水才能洗笔。玉笔洗有各色雕工造型，如白玉四螭笔洗、黄玉荷叶笔洗等。

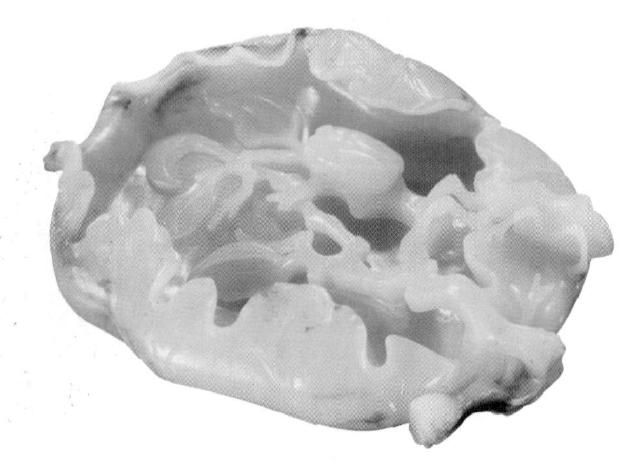

△ **白玉荷叶草虫洗　清代**

长16厘米

▷ **白玉海水云龙纹洗　清代**

长29厘米

此件笔洗选料巨大，器身满工雕刻云龙纹饰，质地厚润，不惜工本加以制作，几尾螭龙攀附在玉洗内外侧壁，犹如在云中穿行，雕琢精致细腻，是为不可多得的清代玉雕精品。

◁ **碧玉竹节铺耳衔环长方洗（二件）　清代**

## • 玉镇纸

镇纸是压纸用的文房器具，一般多作尺形，故又称镇尺、压尺。玉镇纸有各种造型，如动物造型马、鹿、兔等，但底部均为平板形，否则不能起到压纸作用。一般镇尺则刻有竹、兰及双螭等纹饰。

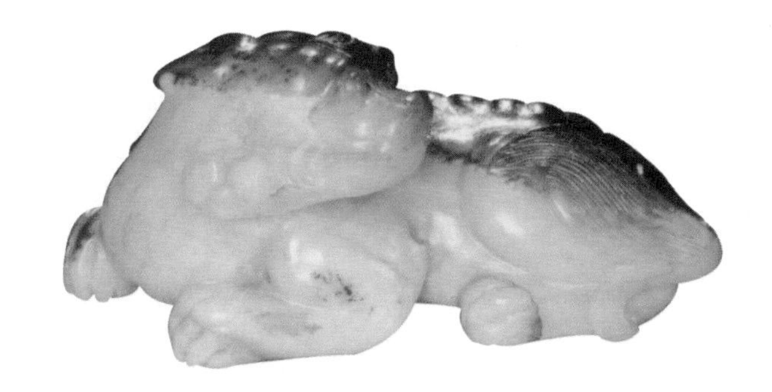

△ **黄玉雕瑞兽纹镇纸　元代/明代**

长8.5厘米

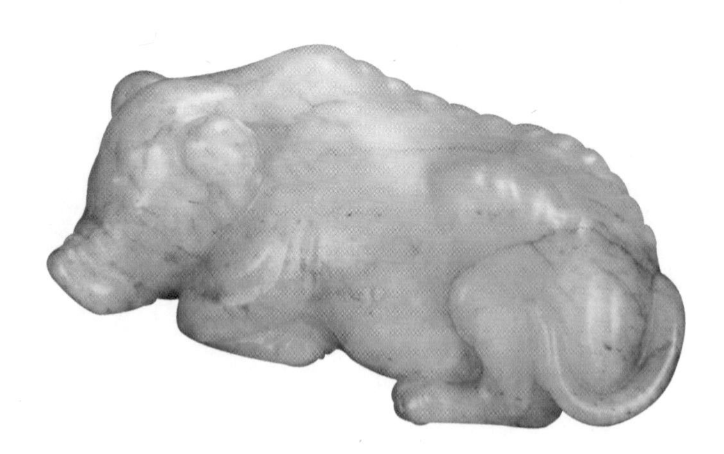

▷ **白玉雕猪纹镇纸　元代/明代**
长7.8厘米

◁ **白玉雕虎纹镇纸　明代**
长5.6厘米

▷ **白玉雕狮纹镇纸　明代**
长8.5厘米

◁ **白玉雕麒麟负书纹镇纸　清早期**
长9.5厘米

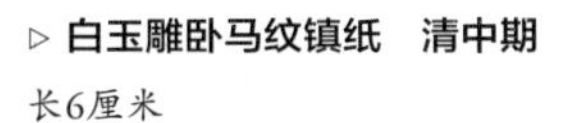

▷ **白玉雕卧马纹镇纸　清中期**
长6厘米

## 6 | 观赏、陈设用玉

观赏、陈设用玉是指供观赏及室内装饰之用的玉雕摆设，如玉山子、玉花插、玉插屏、玉挂屏、玉花薰、玉盆景、玉蔬果、玉如意、玉人、玉牌饰、玉车马、玉编钟等。

古时皇室、贵族、富豪及文人名流为显示自己的高雅情操，遂把玉器制成品种繁多的样式，进行品味欣赏，怡情把玩。如今，它们已成为不少玩家的精神寄托。

明清两代是观赏陈设用玉的高峰期。明代开始有大量的圆雕作品供观赏陈设之用，器件也趋于大型化，到清代时则发展为鼎盛。观赏、陈设用玉的五大特点：

（1）玉料要求极高，玉料块度较大，玉质均匀，颜色统一。

（2）所涉及的题材广泛，有历史故事、民间传说、山水仙境、吉祥图案等，追求一种绘画意境和笔墨情趣。

（3）工艺技法多样，如透雕、圆雕、浮雕、阳线、阴线、抛光等无所不用。

（4）成品器形玉器形体较大，造型美观，如玉山子、玉花插、玉如意等。

（5）收藏投资价值高。

◁ **白玉雕仕女摆件　清代**
高6.5厘米，宽7厘米

▷ **白玉仙人乘槎摆件　清代**
高16厘米

△ **黄玉鱼化龙花插　清乾隆**

高14.6厘米

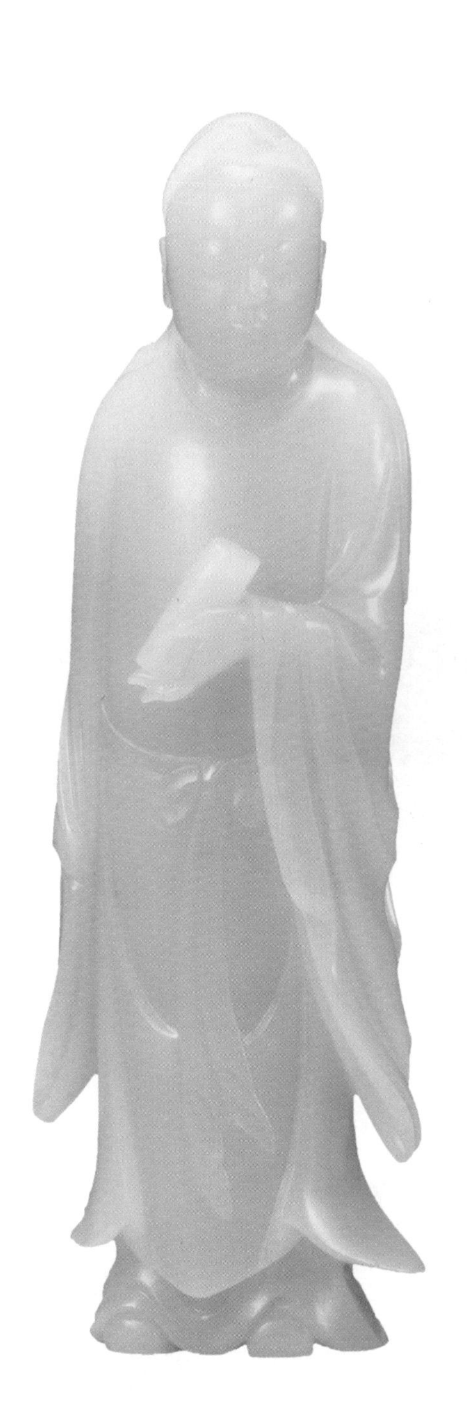

△ **白玉文曲星立像　清乾隆**

高20厘米

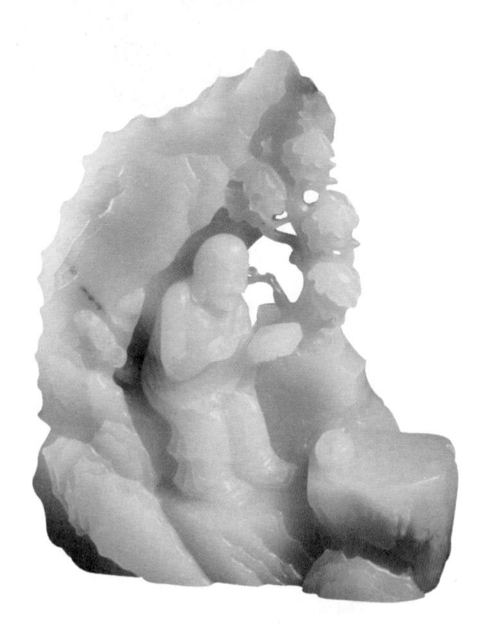

△ **白玉带皮罗汉诵经摆件　清代**

高12厘米

△ **白玉释迦牟尼坐像　清代**

高14厘米

△ **青白玉三鹅衔穗摆件　清代**

长13.3厘米

△ **白玉衔灵芝神鹿摆件　清代**

高8.8厘米

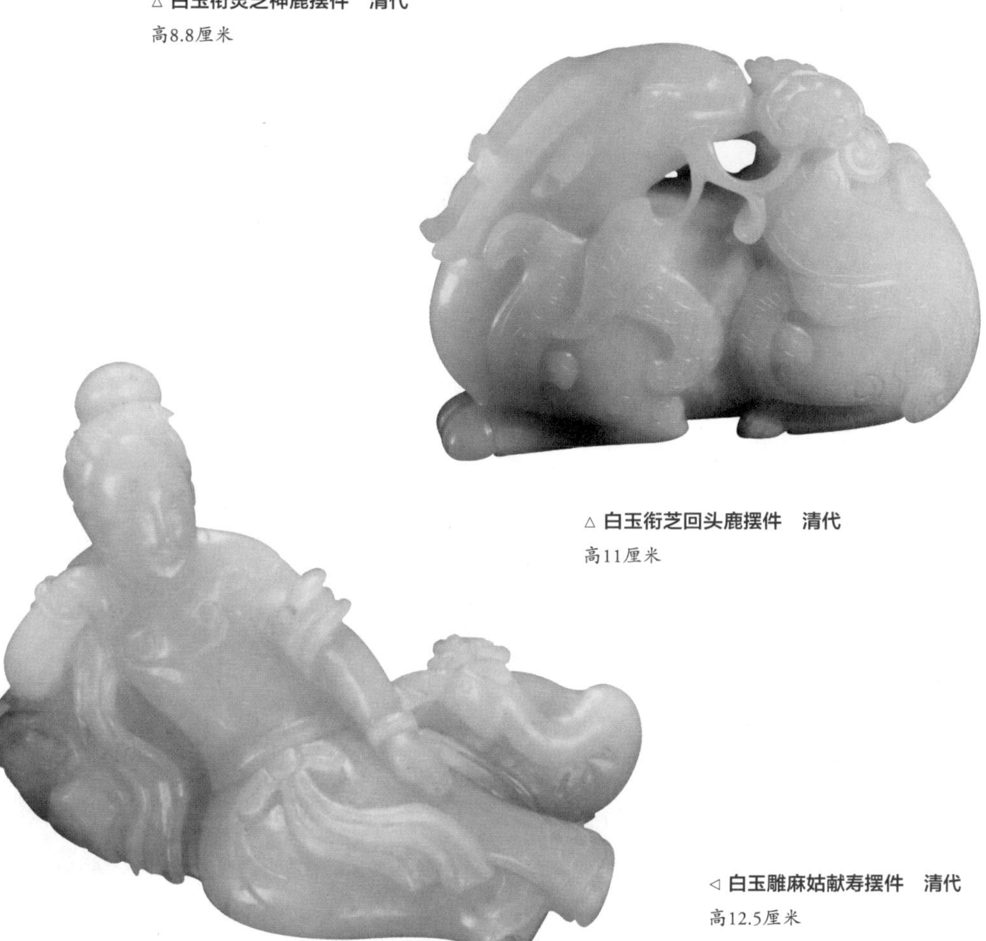

△ **白玉衔芝回头鹿摆件　清代**

高11厘米

◁ **白玉雕麻姑献寿摆件　清代**

高12.5厘米

△ **青白玉松石人物山子　清早期**
高18.5厘米

**• 玉山子**

玉山子是置于案头或室内供欣赏陈设的玉摆件，以艺术形式表现自然景物、人文景观和历史场景，取材广泛。

玉山子因玉料体积重量不同，作品器型大小不一，大的山子可重达数吨，小的则仅寸许大小。

△ **白玉雕松山访友纹山子　清乾隆**
高22厘米

玉山子最早见于唐代，宋元时期较常见，题材通常为山水、人物、动物、树木等自然、人文景观。到明清时期，玉山子盛行，题材越发广泛，包括山石、水草、树木、禽兽、人物、楼阁等，其中以反映山水、楼阁、人物的居多。

玉山子是明清玉器中的亮点，收藏价值较高。

△ **白玉留皮海屋添筹山子　清乾隆**
高21.5厘米

- **玉器盆景**

玉器盆景有花卉盆景、果木盆景、山水盆景、动物盆景和人物盆景等造型。最常见的是花卉盆景和果木盆景，统称为花木盆景，用料往往利用玉器加工中的边角料，如玛瑙、芙蓉石、碧玉、东陵石、岫玉等，以浆料塑本，铁丝缠绒线，栓叶、花瓣和果实。花木盆景器形活泼，花形艳丽，果实硕壮，树木质感强烈，以艳丽、精工、丰满为佳。

北京故宫博物院藏有蜜蜡佛手盆景、碧桃花树盆景、红宝石梅寿长春盆景等玉器盆景珍品。

- **玉插屏、玉屏风**

插屏是置于案头或室内用于陈设、观赏的工艺品，有时也称“座屏”。屏风除欣赏、陈设之用外，也作为机动隔离空间的一种家具。

玉插屏、玉屏风始见于汉代，盛行于明清时期。制作多选单一颜色玉器，上绘图案纹饰。在题材上表现较多的是山水人物，较有名的如翡翠的《四海腾欢》屏风。

△ **青白玉一统万年山子　清乾隆**
高21厘米

△ **白玉山水人物诗文插屏　清中期**

长15.3厘米，宽10.2厘米

△ **白玉武将诗文牌　清乾隆**

长5厘米

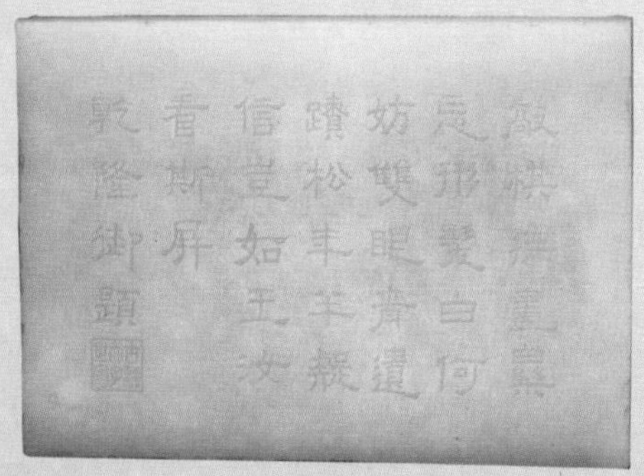


△ **白玉松下人物御题诗文插屏　清中期**

长13.4厘米，宽9.5厘米

△ **白玉山水双骏御题诗文插屏　清中期**

长17.8厘米，宽11.4厘米

△ **御制白玉十六应真罗汉插屏　清乾隆**

长21.7厘米

- **玉如意**

玉如意由古代搔痒用的爪杖演变而来，后因灵芝是瑞草，便用它取代爪杖的手掌部分，而成为“如意”。如意不再用来搔背，而成为“如人之意”的吉祥器物。用玉制成的玉如意尤其受人珍爱，往往还镶嵌了各种珠宝，供陈设、把玩用。

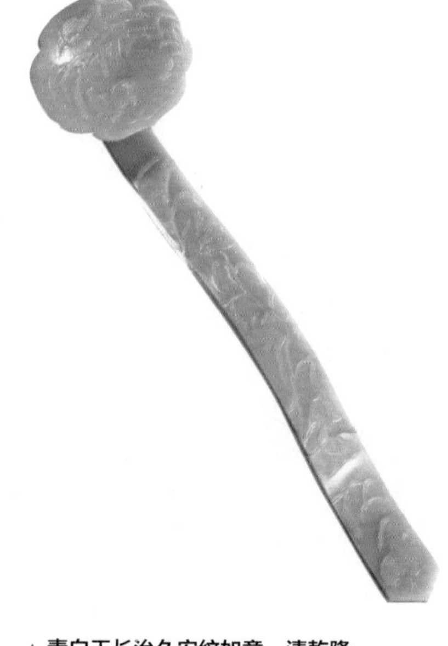

△ **青白玉长治久安纹如意　清乾隆**
长49厘米

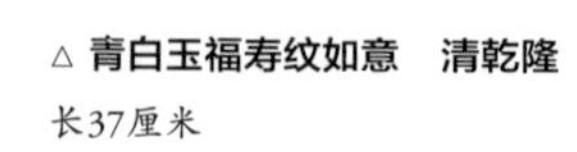

△ **青白玉福寿纹如意　清乾隆**
长37厘米

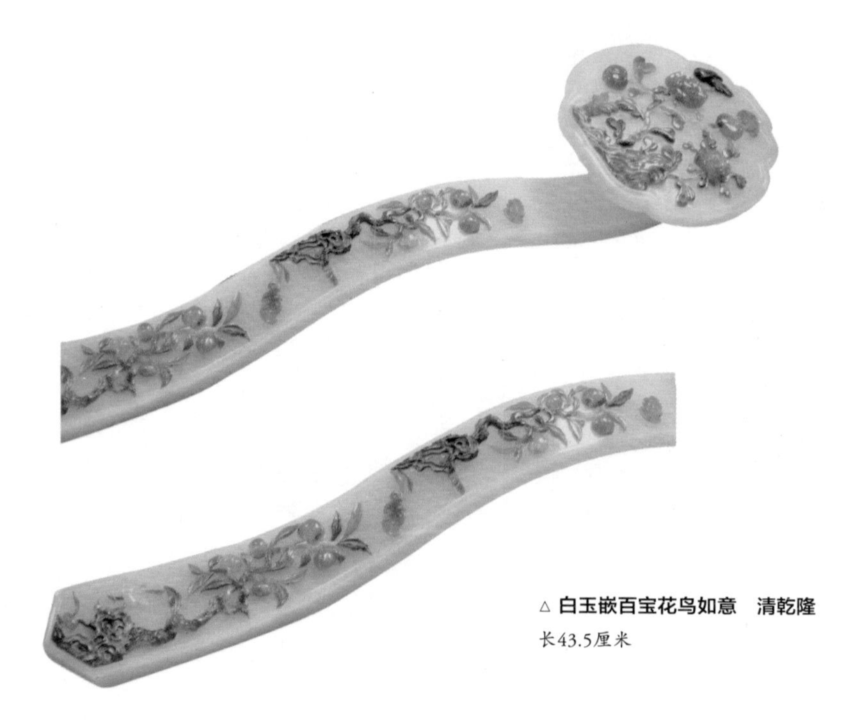

△ **白玉嵌百宝花鸟如意　清乾隆**
长43.5厘米

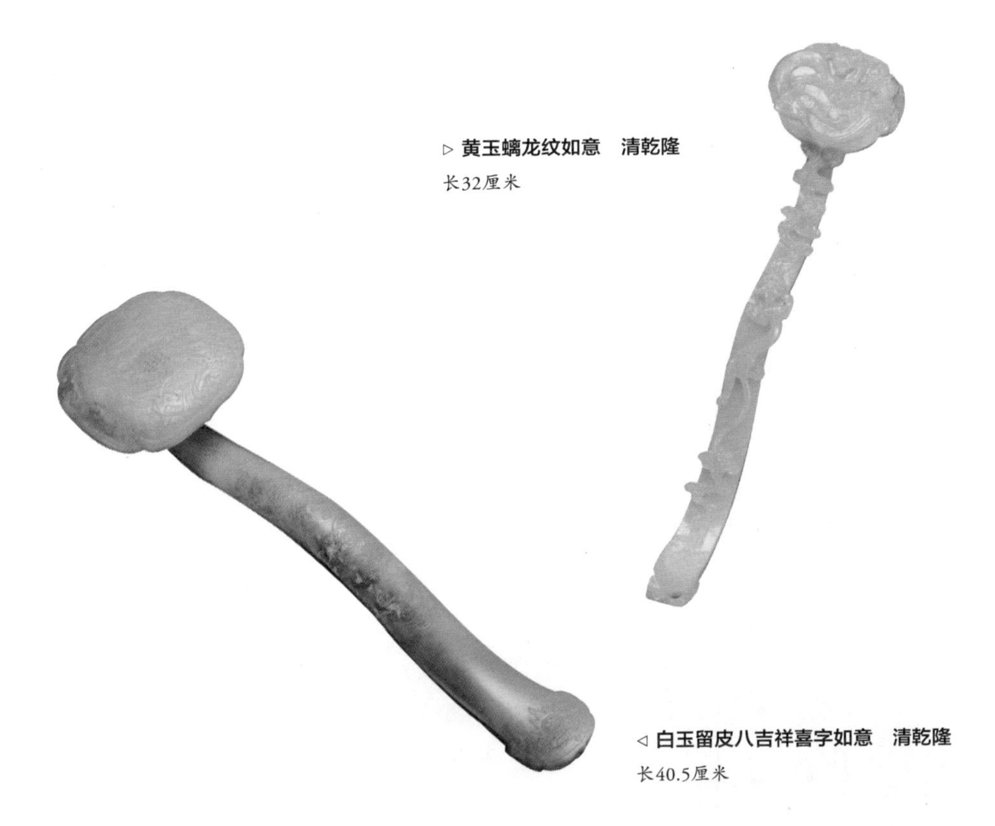

▷ **黄玉螭龙纹如意　清乾隆**
长32厘米

◁ **白玉留皮八吉祥喜字如意　清乾隆**
长40.5厘米

**• 玉花熏**

玉花熏是供放花用并使花味散出的玉质熏炉，周身镂空雕花，香花放在里面，香味由四边镂空处透出。有各种造型，如一座碧玉花熏，为大盖碗的样式，也有两个荷包形的花熏，是挂着用的。

**• 玉磬**

磬是一种以玉或石制作的敲击乐器。新石器时代就有发现，以后历代都有出土。它的最初形状是模仿石犁，然后演变成“折矩形”。

作为乐器，常与铜编钟共同演奏器乐，即“金石之声”。玉磬基本器型为扁体，上缘折而外凸，下缘或折或缓，向内凹入，顶部有一小孔，供悬挂之用。

商周时期的玉磬常单独使用，形体巨大。春秋战国玉磬制作精致规整，编磬件数增多，10～30余件，磬体轻薄小巧，多为素面，少有纹饰。汉代玉磬的使用渐趋衰落，制作工艺也粗劣。汉代至明清，磬作为皇家朝廷的乐器一直存在，但器型未见太大变化。

二

# 玉器纹饰分类

△ **白玉麒麟凤凰纹盖瓶　清乾隆**
高37厘米

纹饰是玉器上的花纹图案，是玉器艺术的表现形式之一。

不同的历史时期，纹饰在构图、造型及所表现的主题等方面，差别很大，故它可以作为玉器断代的一个重要标准。例如，在新石器时代，器形多为素面的，偶尔出现简单的阴刻线纹；商周时代，纹饰有饕餮纹、龙纹、蟠螭纹，云雷纹饰较少出现；春秋战国时，玉器上的纹饰增多，出现蒲纹、蚕纹、谷纹、蒲纹、蟠螭纹等纹饰；宋元时期，玉器的纹饰以龙凤吉祥为多，仿古蟠螭纹、回纹、乳钉纹与凤凰、牡丹等图案并存。

某些纹饰还具有专属性，可用来推测玉器主人的身份，如龙凤图案往往为皇帝、皇后专用。

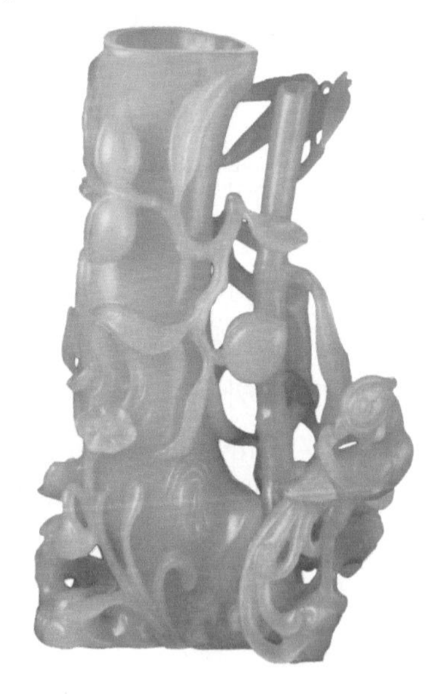

▷ **青玉树椿形凤凰花插　清乾隆**
高15.2厘米

纹饰是古玉器命名的要素之一。可直接用纹饰命名，如谷纹璧、蒲纹璧；或采取以下两种方式：

（1）饰纹＋玉质＋器形。例如，谷纹青玉璧。

（2）工艺（＋纹饰）＋玉质＋器形。例如，高浮雕蟠螭纹白玉璧。

## 1 常用的纹饰

以下几种纹饰是我国玉器上的主流纹饰，或在大部分朝代都可见，或是一时期的主流纹饰，故把它们归为一类。

**• 谷纹**

谷纹流行于战国秦汉时期。形态像发芽的种子，故名“谷纹”。特征是一个圆点带个小尾巴，故又名逗号纹。五谷杂粮是人类赖以生存的根本，谷纹表达了祈求五谷丰登的愿望。

**• 蒲纹**

蒲纹流行于战国秦汉时期，是一种成排密集排列的六角形格子纹饰，由两组或三组平行线交叉纺织而成。

古人常常席地而坐，即坐在用蒲草编织的席子上，在玉器上琢刻蒲纹表达了人们向往安居乐业。

**• 乳丁纹**

乳丁纹常见于战国秦汉时期，最简单的纹饰之一。形状为凸起的乳突状圆钉，往往许多个整齐地排列，或是琢在蒲纹交叉线构成的交叉点上。

乳丁纹蕴含着祈求子孙满堂、人丁兴旺的含义。

△ **玉乳丁纹璧　汉代**

直径4.8厘米

△ **玉螭龙谷纹璧　明代**

直径26厘米

玉璧色青而古旧，可见大面积赭红沁斑，沁色自然，深入肌理。正中圆穿，孔型规整，磨痕清晰。双面工，纹饰以双阴线作分，内部满饰谷纹装饰，走刀利落，刻划匀一，密而不乱。外部浅刻一首双身之螭纹一周，绵延不绝，其上加以深凿阴刻线，使为双层纹饰，图案抽象古朴，取自上古青铜器而又有延伸发展。

◁ **白玉花卉折沿洗　清中期**

直径14.1厘米

玉洗呈圆形，宽唇厚壁，口沿通素无纹饰。外壁一周雕乳丁纹，排列绵密，制作精良，中部内挖成堂，底部浮雕牡丹花及蝙蝠纹，用刀果敢，线条流畅，所刻纹饰凹凸有致，浮雕感强烈，寓意福从天降，福寿富贵，整件器物制作精良，雕琢精致细腻，十分珍贵。

## • 云雷纹

云雷纹商周玉器上较多见。是一种方形环绕的纹饰，线条连续回旋构成的图案。圆形转角的称云纹；方形转角的称雷纹。

云纹形式很多，如单岐云、双岐云、三岐云、灵芝云等。五谷耕种靠雨露滋润，无云便无雨，无雨则无谷。故古人琢刻云纹有求雨之意，又有敬天之意。

▷ **青白玉仿古双龙兽面纹钺　清乾隆**

长18.5厘米，宽8.3厘米

此钺用料青白玉质，体如凝脂，精光内蕴。其左右对称，分上下两部分。上方以镂空雕刻两对称的龙纹。龙身充满了弯曲简短的弧线，使整体充满流动感。下方则为倒置的蕉叶纹，内部以弧线和云雷纹填充。整器给人以厚实大气的视觉效果，简朴之造型上饰以精细纹饰，纹饰繁琐却不失清朗，简繁得当，颇耐玩味。

## • 弦纹（弧线纹）

由两条平行的弧线组成一条弦纹，多用于圆柱状或圆筒状柱体的表面。

▷ **仿古龙纹圭璧　清早期**

长22.5厘米

青白玉质，有黑色瑕，淡黄色沁。此圭璧形制，以璧迭置圭之中间偏下，圭首长而圭邸略短；圭首端为尖状，中间起脊，圭邸平滑；玉璧迭置于圭之上，实心，仅用孔缘和玉璧边缘各饰一道宽凸弦纹，肉部浅浮雕双龙戏珠，刻画逼真，极具动感。根据此器形制、风格，可断其为清早期作品。

## • 螭纹（蟠螭纹）

螭纹是龙纹的前身，形状像四脚蛇或壁虎的爬虫，梯形头，无角，四只脚，圆形长卷尾。盘曲成半圆形或近圆形的螭纹称为蟠螭纹。

螭纹流行于春秋战国时期。宋代时螭的头部结构发生变化，如嘴方、细长，细身，肥臀等。

▷ **白玉雕英雄合卺杯　清乾隆**

高12.8厘米

此器为白玉琢制而成，其玉质莹润清冽，罕有瑕疵，杯身主体由双圆筒组成，口部及腹部分饰两道青铜器上十分流行的螭龙和蟠螭纹饰带，双筒下部夹抱有一只卧熊，熊低首垂目，四肢趴伏杯体下沿，另有一鹰以双爪攫熊耳，立于熊首之上，其双翅平展，威风凛凛。

▷ **白玉仙人乘槎诗文牌　清代**

高5.2厘米

玉牌取经典子冈牌样式，牌额以阴线雕双螭纹，中穿一孔可供系配。正面浅雕仙人乘槎图，仙人乘槎于滔滔波浪中，神态安祥、悠闲、从容不迫，正驶往远方的仙境。另一面雕“今遇绛女来取石，九曲黄河乘源槎”字样，落“子冈”寄托款，诗图相配。打磨光润，雕刻细腻，玉料白皙莹润，所选题材经典吉祥，为玉牌中的佳作。

## • 夔龙纹和龙纹

玉器上最早出现的龙纹是夔纹。夔是古代传说中的无角一足的奇异动物，多为阔口大首，弯曲起伏的身躯和一只足，商周时大量在青铜器和玉器上使用。

△ **旧玉螭龙纹鸡心佩　元代**

高6.6厘米

△ **白玉仿古螭龙纹执壶　清代**

高17.5厘米

◁ **白玉夔龙纹兽钮盖炉　清乾隆**

宽17厘米

此炉以大料碾制，玉质润白，包浆自然，烟沁色入里，远观见宝光盈盈，近触则温润有加。炉分器、盖两部分，盖呈覆碗形，上附狮钮作四肢着地、回首张望状。炉圆腹，圈足，腹部仿青铜器之夔龙兽面纹饰之，肩腹两侧各饰一仰天龙头活环耳。

▷ **青白玉雕夔龙纹盖瓶　清中期**

高26.5厘米

玉质白中微泛青，光亮沉郁，更添古韵，模仿青铜器纹饰的铸造效果，尤显技法高超。器分盖与瓶两部分，造型规整端庄，瓶体扁方，整器纹样均仿三代古制，对称齐整，瓶身腹部两面雕以夔龙纹，龙首相对，龙嘴微张，角伏于头后。瓶两侧浮雕爬行螭龙，双龙相向，龙尾相交，上方夔龙口衔瓶沿，相比瓶身夔龙之古朴规整，此二龙则显矫健灵动。盖作覆斗貌，平顶，之上亦雕双夔龙纹，与瓶体遥相呼应，盖钮多面抛光。瓶口与盖口外壁各饰一周变形方雷纹。颈部微收，以下折肩长腹，底部急敛，下承高束腰外撇四方圈足。

战国到汉代，龙形已较为完备，具有双角、四条腿，尾部像蛇，呈昂首阔步之态。元代出现了飘拂状毛发。明代时龙的脚由“兽脚”转变成“禽脚”——如风车状三爪，成为飞龙。

龙纹是历代玉器的主要纹饰之一。

- **饕餮纹**

饕餮纹形状多为一个凶恶的兽面，仅有面孔而无下颌，较为抽象和图案化。

饕餮是龙九子之一，一个贪食的恶兽。

◁ **青灰玉仿古饕餮纹方觚　明代**

高22.8厘米

▷ **灰玉饕餮纹仿古钟　明代**

高18厘米

◁ **白玉饕餮纹象耳衔环花觚　清中期**

高17.1厘米

此件白玉花觚以整块和田白玉雕琢而成，作八方形，广口长颈，腹部外鼓，圈足外撇。颈部左右饰象耳，卷鼻衔环，颈部及足部各面饰以蕉叶纹，腹部则以浅浮雕刻饕餮纹，雕琢精湛细腻，线条流畅自然。

• **凤纹和鸟纹**

尾长如孔雀、头上有冠、弯喙的鸟形，即为凤纹。凤在中国一直是高贵女性的象征。

其他飞禽纹饰则统称为鸟纹。鸟纹飞行多为阴刻细长线，鸟尾有孔雀尾、卷草式，眼部表现为臣子形、三角眼、单凤眼等。

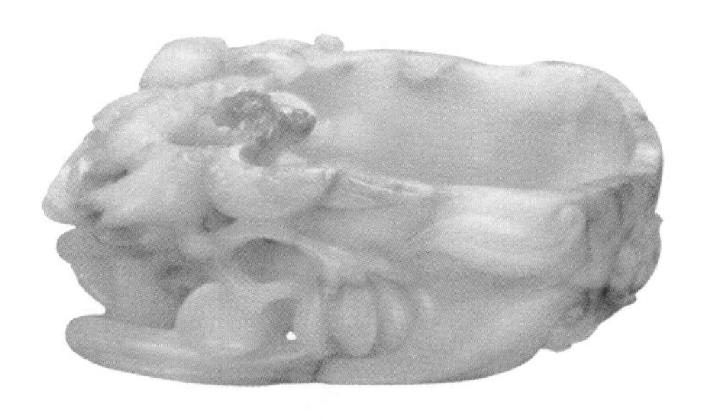

△ **白玉桃形凤纹洗　清早期**

宽14厘米

◁ **白玉高浮雕龙凤纹花觚　清中期**

高26厘米

本花觚以整块和田玉料雕琢而成，器形乃仿商代晚期青铜方觚形式。觚口侈口呈方形，颈部向下收敛，腹部呈方鼓型。此器外壁面碾琢平突仿古龙纹，自上而下共九条飞龙，穿行攀附于器身，一蟠龙腾升而起，昂首立于口沿，寓意独占鳌头。

▷ **白玉雕龙凤纹兽耳衔环瓶　清乾隆**

高22.6厘米

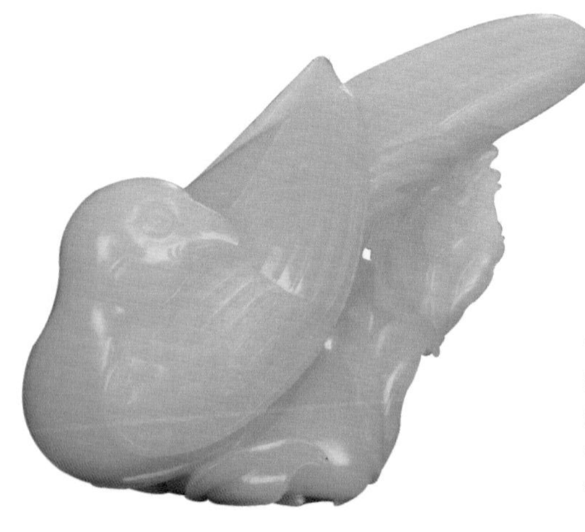

◁ **白玉雕长寿鸟纹摆件　清乾隆**

长14厘米

以羊脂白玉为材，玉质细润，纯白无瑕。圆雕长寿鸟立于松枝花草丛中，长寿鸟身形圆润，圆眼尖喙，挺胸回首，正在整理羽翼，羽翼纤长，翅羽清晰，尾羽收拢，整齐流畅。长寿鸟体态轻盈，神情安详，羽翼刻画细致，线条流畅自如，整体具有祝颂长寿之意，故称此鸟为长寿鸟。

- **兽面纹**

兽面纹是龙、牛、羊等的脸，或未知动物的脸。纹饰多采用阴刻线或挤压法琢出的直线及折线构成。

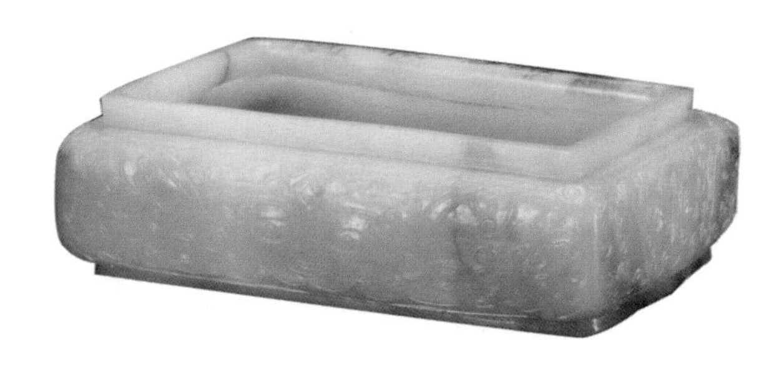

△ **白玉兽面纹长方洗　清中期**

长13.5厘米

◁ **青白玉兽面纹炉　清乾隆**

宽17厘米

青白玉兽面纹炉分器、盖两部分。矩形盖钮，母子口咬合完好。炉盖及炉身外壁上下对称六出戟，凸雕隐起兽面纹饰。炉两侧镂雕双兽面衔环为耳，下承四足，分饰兽面纹，与炉身、炉盖形成呼应。

△ **青白玉兽面纹双耳炉　清乾隆**

宽20厘米

△ **白玉兽面纹鼎　清中期**

高19厘米

**• 吉祥纹饰**

吉祥纹饰通过谐音或隐喻的方法喻意吉祥的含义，如童子持莲、莲（鱼）纹饰、羊纹饰、三个圆果相连、五童纹、八仙纹、鹿衔灵芝、龙凤纹、蝙蝠与铜钱、蝙蝠鹿桃等。

该纹饰古已有之，唐宋渐多，明清最盛。

△ **白玉如意花卉喜字盘　清乾隆**

直径24厘米

此盘以上等白玉制成，凝油脂光泽，型作扁圆如皓月明空，盈盈圆圆，自口沿向盘底缓收，盘以花卉为中心向四方延伸如意纹，盘沿雕蝙蝠形，内刻“喜”字，磨制精到，线型柔畅，柔光细腻。

◁ **白玉福寿双联洗　清乾隆**

长20厘米

白玉双联洗，玉质细腻光润，器口以联珠纹装饰，中间收紧处饰以雕蝙蝠纹，其下衔环。此洗雕刻精湛，琢磨规整。扁圆形，矮圈足，足内阴刻“大清乾隆年制”六字篆书款。

▷ **白玉福寿纹洗　清乾隆**

直径17.7厘米

此器取上等玉材整挖雕琢，用料不惜，玉质晶莹温润，凝脂光泽，敞口，折腹呈浅盘状，内底略下凹，外底三足，修足规整。洗外壁光素无纹，内底浮雕折枝，上有硕大蟠桃，枝叶繁茂肥厚，桃果饱满密实，蝙蝠上下翻飞，两两对望，仙桃代表长寿，“蝠”与福同音，寓意福寿双全。匠师巧妙地利用石纹构图设计，工法老到，成竹在胸，一气呵成。

▷ **白玉洒金龙凤纹万寿无疆佩　清代**
高7.2厘米

## 2 | 辅助性纹饰

这类纹饰多出现在原始社会，后来发展成为玉器纹饰的辅助性部分。

- **“臣”字眼**

似古文“臣”字，故名。饰于鸟兽的眼睛。

- **折线纹**

折线纹多为阴刻直线，顶端折回，多为动物身上的装饰。

- **重环纹**

重环纹多为以两条阴线琢出环纹，饰于龙及其他动物身上。

- **对角方格纹**

对角方格纹以双阴线琢刻方格，相邻两格对角线相连，等距连续排列。多饰于龙及其他动物身上。

- **双连弦纹**

双连弦纹以单阴线琢刻的人字形连弧短线。饰于龙身、首、角上。

- **三角纹**

三角纹以阴线琢刻出三角。常见于龙身、玉璜及器物柄部。

- **兽角纹**

兽角纹主要是龙角、羊角、牛角三种。

# 三 玉器雕刻工艺分类

“玉不琢，不成器。”玉器只有经过琢玉艺人的巧妙构思和鬼斧神工般的雕琢，方能最大限度地体现出审美价值和商业价值。

中国的玉器雕刻工艺与技法都是师徒传承，而不行于文字。玉器雕琢过程，首先是选料，即根据玉器的质地、纹理、色泽等情况，因材施艺。玉料经相定后，就使用各种工具来进行切锯，取其精华，去其糟粕。然后，根据玉料形态大小，量材定器，做出粗坯。接着，在粗坯上进行钻孔、刻纹等细加工。最后通过抛光，给玉器上光。至此，一件精美的玉器即告完成。

古代玉器雕刻有阴刻、阳刻、浮雕、圆雕、镂雕、镶嵌、俏色等许多技法。不同的技法在不同时代的运用，成为玉器雕刻工艺鉴定的科学依据。

## 1 圆雕

圆雕，也称立体雕法，指雕刻出来的作品不带背景、具有真实三度空间关系、适合从多角度观赏的雕刻技法。立体造型人物、立兽等均采用此法。

圆雕技法早在新石器时代的红山文化便已使用，如红山文化的马蹄形箍、猪龙等，器表琢磨光洁，工艺规整，均采用圆雕技法。

◁ **白玉鱼化龙饰件　元代**

高9.5厘米

饰件呈长方形，通体圆雕镂刻，主题纹饰为鱼化龙，四周祥云笼罩之下，中心雕刻一尾锦鲤浮现于飞翼之间，其上有一龙首昂扬向上，直冲云端，整块玉件布局妥帖，雕刻精致，为元代玉雕精品。鱼在民俗传统中属于待化之龙。

**▷ 旧玉犀牛　元代**

高4.7厘米

旧玉质，圆雕犀牛，四肢腾于脚下云间，头生双耳、向上竖起，“臣”字形眼，独角耸立，圆臀短尾，其身光素无纹，彰显古拙之气，整器造型威严，雕工粗犷，符合元代审美意趣，古拙大雅，保存完整，十分珍贵。

**◁ 白玉雕骆驼挂件　元代/明代**

高5.7厘米

白玉质，细腻温润，圆雕骆驼形状，骆驼呈跪卧状，身体健硕，双峰饱满，四肢粗壮，驼蹄宽厚，四蹄蜷伏于腹下，长颈后仰，目视前方，圆耳后贴，友善温顺。骆驼身上无纹饰，只以细阴线表现身体局部，骆驼形态逼真，神情宁静。

**▷ 黄玉太狮少狮　明代**

高8.8厘米

取材黄玉，以简单写实的设计构思、粗犷刚劲的琢玉技巧，圆雕双狮嬉戏摆件。太狮神情威武，深浮雕双目直视前方，少狮抬头仰望太狮，双爪紧贴其身，毛发雕刻精细，流畅自然，布局疏朗，温顺乖巧的神态令人喜爱。

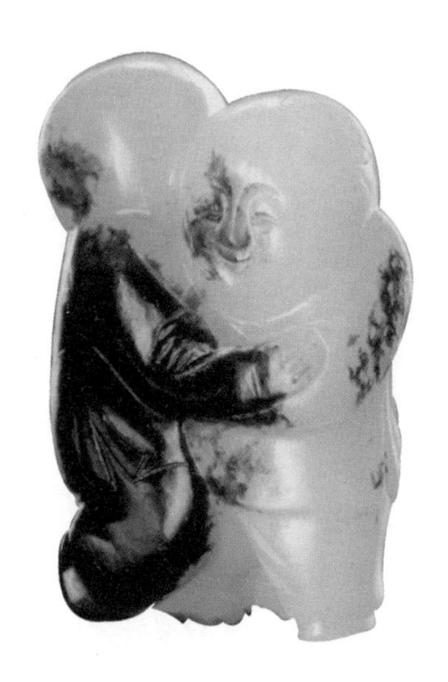

△ **白玉留皮童子　明代**

高4.2厘米

圆雕白玉二童子，玉料莹润，小童额头宽大，面相饱满，头顶小髻，身着长衣长裤，互搂脖颈，双腿交叠，弯眉咧嘴，神情欢愉，似正在摔跤，憨态可掬、栩栩如生，惹人垂爱。此童子像，不仅工精料细，更巧用深褐色留皮，随料以为衣衫，一黑一白，以为呼应，寄予了古人向往多子多福的美好愿望。

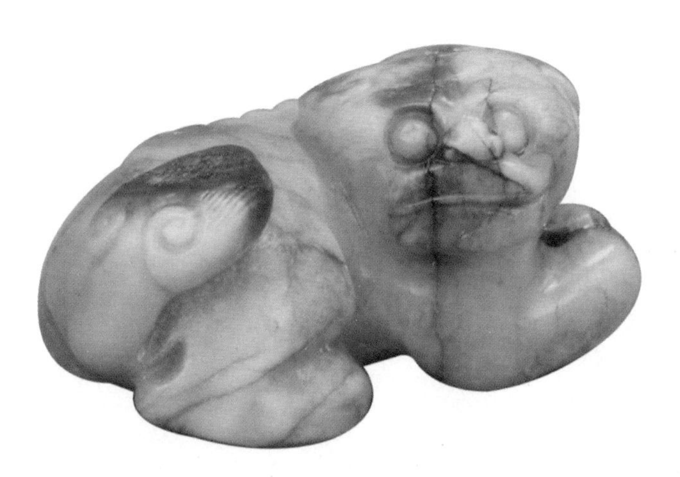

◁ **白玉圆雕卧狮摆件　明代**

高7.8厘米

圆雕和浮雕两种技法其实不能截然分开，圆雕玉件中常见浮雕工艺，浮雕玉件中又有圆雕的存在。比如有的玉山子雕有立体的人物花鸟、也有浮雕的亭阁楼房，这就是圆雕和浮雕的结合体。一些圆雕玉器表面的装饰纹和各种吉祥图案也采用浮雕技术。

另外还有镂雕、透雕等均常在圆雕中采用。

## 2 | 浮雕

浮雕是在平面上雕刻出凹凸起伏形象的一种雕塑，是一种介于圆雕和绘画之间的艺术表现形式，如一些柱子上雕的一些花纹。

浮雕在古今玉器雕刻中广泛使用，强调“平面效果”，因此可能充分展示一些圆雕中无法表现的题材。例如，环境、风景是圆雕难以表现的，而浮雕却可以大显身手。

浮雕图案有各种纹饰，如饕餮纹、夔纹、蒲纹、谷纹、卷云纹等，及山水楼阁、花鸟鱼虫、飞禽走兽、仙子菩萨、飞龙喜凤等。

根据物像厚度被压缩的不同，浮雕又可分为许多种。

**• 薄肉雕**

薄肉雕一般是将形象轮廓之外的空白处去掉等深的一层，使形象略为凸起。形象因自身结构的原因而略呈高低起伏。细部形象刻画用线刻。因其最高点与地子之间的距离很小，所以人们才称之为薄肉雕，以表示其厚度很小。硬币上的图案纹样就是典型的薄肉雕。

**• 浅浮雕**

浅浮雕是利用减地方式，挖掉线纹或图像外廓的地子，主题凸出地子极浅。一般雕琢深度在2毫米以下，雕琢的形体凸起明显，细部形象仍为线刻表现。良渚文化玉琮兽面眼、口、鼻即用浅浮雕。浅浮雕的用处最广泛。

△ **白玉浮雕宝相花双喜盖盒　清乾隆**

直径14厘米

◁ **白玉雕飞天佩　清代**

长6.5厘米

以白玉雕琢而成，所用玉料质地纯净，局部略有黄色留皮。飞天以祥云相伴，头戴云纹高冠，身着长裙，体态轻盈，身姿曼妙，衣带婉转翻飞，双手结法印，表情虔诚，生动的雕工将仙风神韵一展无余，让人顿觉神圣不可亵渎。

△ **白玉浮雕松下高士牌　清代**

高5.5厘米

◁ **白玉高浮雕桃花春燕纹椭形花瓶　清代**
高17.8厘米

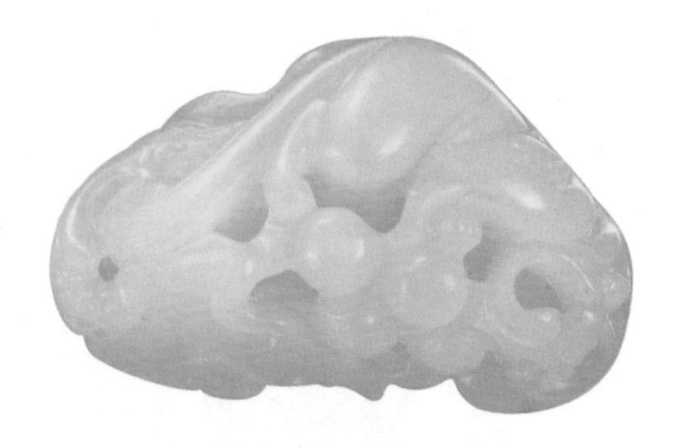

△ **白玉留皮松鼠葡萄　清代**
长5.3厘米

△ **白玉仙人乘槎　清代**
长15厘米

▷ **白玉鹌鹑盒（一对）　清代**
长8.5厘米

▷ **玉雕饕餮纹盖炉　清中期**

高17.5厘米

盖炉直口，束颈，敛腹，圈足，满雕饕餮兽面纹，深浅浮雕施就，纹饰古朴谨严，层次清晰明见，古朴雅致。炉盖作覆碗式，上亦雕饕餮兽面纹。炉配狮钮，作伏卧状，双目圆瞪，直视前方，阔嘴宽鼻，尾伏于背上。肩腹两侧饰镂雕螭龙耳，两龙相背。

◁ **白玉连年有余荷叶洗　清中期**

高22.5厘米

此件玉洗以整块白玉雕琢而成，质地润泽，整体仿生雕琢莲叶，侈口弧壁，巧雕叶茎与嫩叶盘绕于下为足。里心浮雕鲶鱼一尾，圆润肥美，颇为可人，莲叶经脉及虫洞清晰可辨，细若发丝，生动巧妙。此器精雕细琢，莲叶鲶鱼谐音“连年有余”，纹饰寓意吉祥。

- **高浮雕**

高浮雕也称深浮雕或沉雕，指挖削底面，雕物浮出边框极高，形成立体图形，其镂刻处直且深，并加阴线纹塑形。始于战国时期，明清时最为流行。

- **中浮雕**

中浮雕的“地底”比浅浮雕要深些，层次变化也多些，一般地子深度为2～5毫米，也可根据膛壁的厚度来决定其深度。

- **凹雕**

凹雕又叫作陷地浮雕，与减地方式相反，是将要雕刻的纹样轮廓线以内的部分，雕刻成凹下的形状，纹样低于地子。

- **锦地浮雕**

锦地浮雕就是在浮雕的地子上勾出花纹。采用这种雕琢方法可使玉器显得富丽华贵。但如果处理不好，会使整个浮雕杂乱烦琐，主次不分。

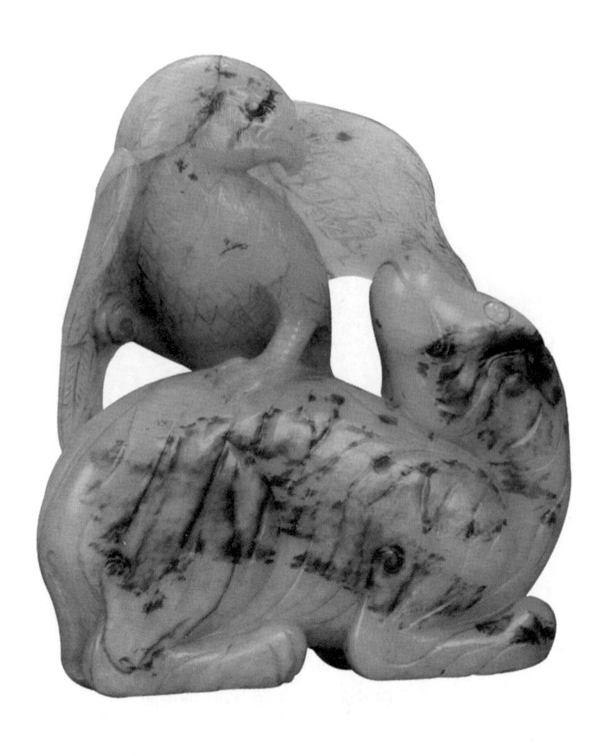

◁ **白玉留皮雕英雄纹摆件　元代/明代**

高11厘米

此摆件以上等白玉精雕而成，质地细腻，光泽油润。采用圆雕、透雕技法，雕饰英雄摆件，取材于熊和鹰，两动物相抱纠缠，口口相对，细部刻画逼真，生动活泼，走势奇巧，为天然良工。玉匠深谙捭合之道，高低冥迷，疏密分布，动静调度，刚柔并济，整件作品揖让有序，主题突出。

## 3 镂雕

镂雕也称透雕、镂空雕，是在浮雕的基础上，镂空其背景部分，有的为单面雕，有的为双面雕。

镂雕一般是在不厚玉片上进行，在穿孔的基础上发展而来。成器后，纹样的实体与相当于地子的虚空间形成对比，故具有通透玲珑的装饰美感。

镂雕的雕刻技术难度远远低于圆雕，古玉中多用。新石器时代的玉器，多已采用镂雕。如红山文化勾云形佩、兽面形佩，用对磨的方法镂空玉体；到了商代，镂雕技术有所提高，镂空常采用打孔的方法。

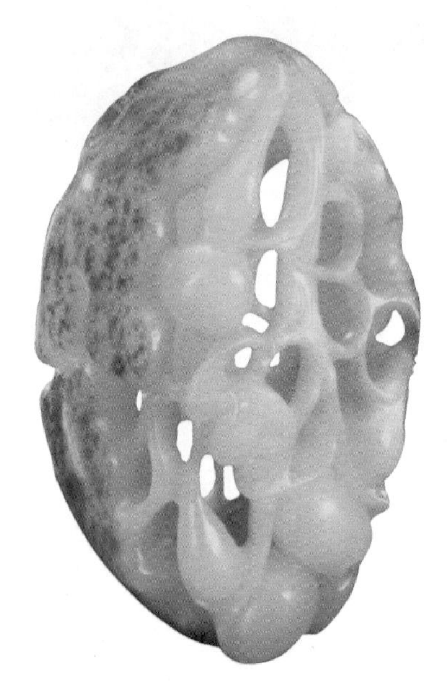

△ **白玉留皮镂雕福禄坠　清中期**

长6厘米

◁ **水晶镂雕螭龙双耳衔环三足炉　清中期**
直径14厘米，高15.7厘米

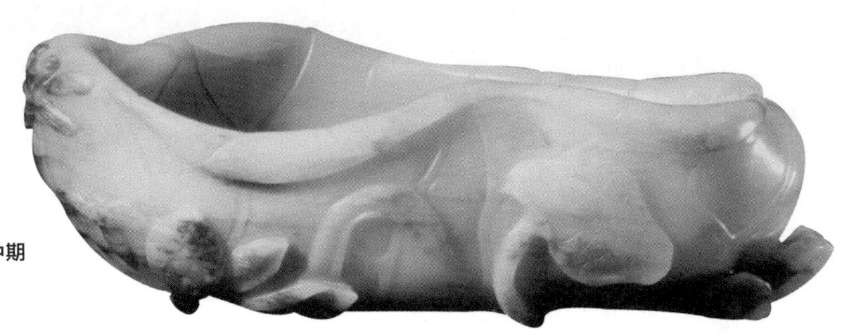

▷ **白玉镂雕荷叶洗　清中期**
直径17厘米

## 4 | 微雕

微雕是一种精细微小的平刻，在显微镜下施刀，在玉器表面上雕刻诗词、绘画的技艺。微雕对材料没有什么限制，明代时称为“鬼工技”。

明清时，苏州专诸巷的玉雕艺人中有擅长此技者。清代康熙年间有著名的宫廷艺人尤通曾在一颗比桂圆还小的玉珠上刻有苏东坡的《前赤壁赋》，全文530字。20世纪初，上海微雕艺术家薛佛影能在水晶制品表面进行微雕。但当今玉行业中很少有习此种技艺者。

## 5 纹饰线纹雕刻

纹饰是玉器的一个重要组成部分，早在新石器时代的玉器中，雕刻纹饰者就约占总量的半数。研究玉器纹饰的线纹雕刻工艺，是把握和鉴赏玉器技艺特征及艺术成果的重要内容。以下是一些常见的线纹雕刻工艺和术语。

**• 阳线纹刻**

阳线纹刻简称阳刻。阳线纹是指利用浅浮雕的技法，在玉器表面磨出凸起的线纹，故又名为“减地起线”。

此技法十分耗费工时，不仅要把起阳线以外的地子磨减下去，还要将地子琢磨得平整光洁，然后再将凸起的阳线线条修整得圆滑整齐。不少玉器的阳线纹两侧，可见细细的阴线划痕，即是修整线条时留下的磨迹。

圆畅流美的阳线雕，需要极娴熟的技巧，特别是线纹的拐弯处，要圆柔而不露琢痕，其工艺的高难度，可想而知。不过，在新石器时期晚期，阳线纹刻技法已经成熟。

**• 阴线纹刻**

阴线纹刻简称阴刻，指利用阴线刻的方法，在玉器表面刻画出各式凹下的线纹。新石器时期红山文化玉器的阴线纹已较成熟，以玉猪龙头部的双圆眼、鼻梁褶纹为代表。

阴线纹线条有两种：一种是粗练形，线条粗放、简练，刚劲有力；另一种是细密形，线条柔细繁密，秀润委婉，密而不乱。

汉代以前的阴线纹大多极浮浅。

△ **白玉雕张骞乘槎子冈牌　清代**

宽4厘米，高5.8厘米

此玉牌白玉雕刻，牌首为面面相对两鱼化龙。正面陷地阳文雕绘张骞乘槎图。张骞端坐于树根雕作的槎舟上，身着长袍，一手支地，一手轻抚膝盖，仰望向天，全神贯注。人物面带微笑，神态安祥，悠然自得。槎下波浪翻滚，与天空连为一体，空中楼台屋宇矗立，当为天上仙境。背面阳刻诗文两句，落款子冈。子冈，又名陆子冈，为明代玉器大家，后世多托其名款而作。

△ **白玉雕山水人物诗文牌　清代**

宽4.5厘米，高7厘米

青白玉牌前后博古夔纹开光。正面刻仙山楼阁，人物往来其间。后开光内阳刻诗句：“了人只在清湾里，尽日松声杂水声”，阴刻篆书“文玩”白文双联章。

△ **白玉三羊开泰牌　清代**

高5.3厘米

白玉材质，晶莹温润，洁白无瑕。双面减地阳刻，倭角形制，顶端镂雕灵芝纹饰。正面一卧羊，昂首仰视，三角眼，嘴衔一灵芝梗，身体壮硕，四肢收于腹下、短尾。背面中心刻“三阳开泰”四字阳文，呼应主题。

- **铁线纹刻**

铁线纹是指刻纹线细直有力，一气呵成、气势顺畅、毫无断意，神似细铁丝之劲挺，故称铁线。铁线纹中又分为“阴纹铁线”与“阳纹铁线”两种，后者存世极少。铁线至少在商代早期就已出现，汉代以后此项技艺几乎灭绝。

- **游丝纹刻**

游丝纹是指纤细繁密、有力而流畅的线纹，每条细如毫发的阴线是由若干极短的互不连接的细阴线组成的。即“细如蛛之游丝”。游丝纹最早见于新石器时期良渚文化玉器上的神人纹，至战国汉代仍承之，后绝迹。

▷ **白玉花卉蝉纹瓶　清代**

高23.5厘米

该玉瓶器形适中，雕刻精细，玉质滋润，色泽雅光柔和，器物表面琢磨光亮，洁白纯然。宝珠钮盖，阳刻宝相花纹，子母口与瓶身契合紧密。瓶身呈葫芦形，束腰，鼓腹，圈足。葫芦上半部分环琢宝相花纹，下半部分浅琢一只鸣蝉，触角颤颤，以连续回纹装饰，并用三圈吉祥云纹间隔开上下瓶身，构思巧妙，布局合理。颈肩部圆雕花卉装饰，置活环。整体纹饰风格颇有痕都斯坦之风。

• **游丝毛雕**

游丝毛雕是汉代特有刀法，粗细阴线并列使用，细刻线条细如丝，似断不断，弯曲有度，如游动状。“游丝毛雕”雕刻技艺出现于春秋战国，汉代达到高峰，汉代后失传。

• **双勾阴线法**

双勾阴线法是商代玉器上使用的雕刻技法，即用两条并列的阴刻线来表现纹样。不过商代玉器上的阴刻线比较直，比较粗。

• **双勾阳纹法**

双勾阳纹是指制作阳纹的一种方法。先用薄口勾砣在玉器的表面上沿纹样的外轮廓刻出两条并列的阴刻线，然后用轧砣将纹样的两侧浅磨成斜面的浅沟，再将中部两边的棱裹圆，使纹样看上去很像阳纹，这样刻出的线，叫“双勾阳纹”“双勾阳纹”与“阳纹”略有不同。“阳纹”是纹线之外的部位全部“减地”，“双勾阳纹”只是局部减地。

此刀法在西周得以发展，战国汉代偶有出现，后消失，直至明末清初的雕玉名手陆子刚才又将其发扬光大。

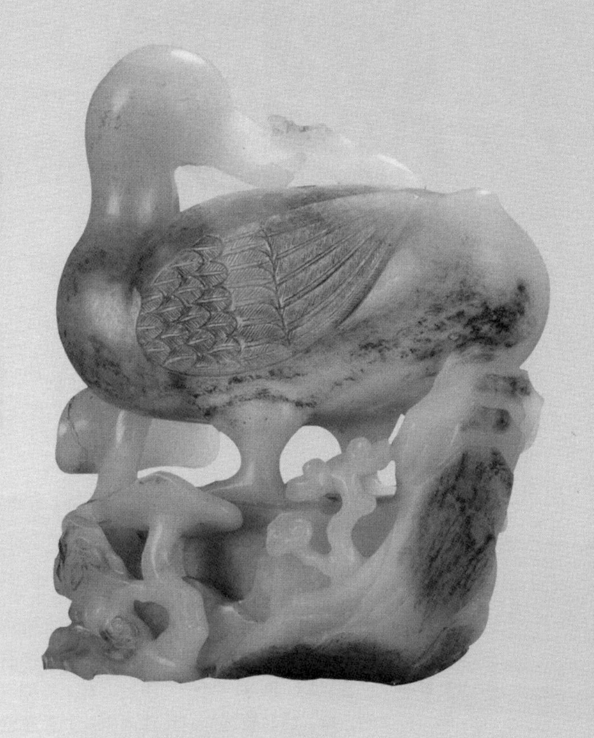

△ **白玉留皮鸭衔灵芝摆件　清乾隆**

高13厘米

采用上乘白玉立体圆雕而成，玉质油润细腻，手感极佳，并巧用黄褐色皮俏色为鸭翅、山石、灵芝，设计精妙。皮色娇黄，与白玉质地相映生辉。鸭子作回首状，喙衔灵芝，鸭身肥硕丰满，阴刻鳞式翅根纹，翅尖则阴刻宽束丝纹，线形丰富，线姿流畅洒脱，造型生动可爱。

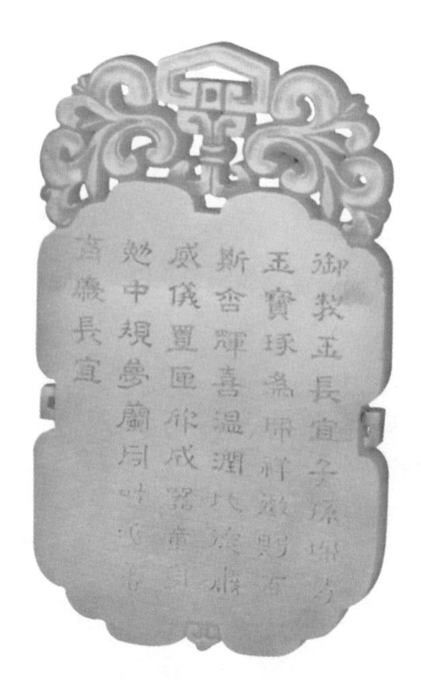

△ **白玉长宜子孙诗文佩　清中期**

高9厘米

玉佩质地温润，工料皆精。佩头镂雕卷草纹饰，佩身四出海棠纹，腰部内凹处各雕出一个小环，与上部作镂空处理佩头呼应，使造型更加谐调。一面减地四周起阳文边线，中间阳文篆书“长宜子孙”四字。另一面平地，其上阴刻隶书“御制玉长宜子孙佩诗”“玉宝琢为佩，祥微则百斯。含辉喜温润，比德肃威仪。置匣欣成器，章身勉中规。梦兰同叶永，蕃育庆长宜”。字体工整有力，简洁明快。“长宜子孙”字样出现在玉器上可追溯至两汉，寓意子孙万代都能过上美好安逸的生活。

◁ **姚元之书诗文碧玉笔筒　清嘉庆**

高12.7厘米

此碧玉笔筒色泽浓正，质地细腻。阴刻隶书陋室铭诗文，挥刀技法娴熟老辣，属款“辛卯仲秋姚元之书”，铃“元之”印。

△ **白玉马背负书牌　清代**

高8厘米

牌白玉质，主体圆形，上镂雕双螭龙纹牌头。牌两面饰，一面雕白马负图，下饰水纹，上饰云头纹。马鬃马尾飞扬，四蹄腾空，作奔腾状，精神抖擞。一面中间阴刻“乾坤”二卦，下对应“父母”二字，皆描金。玉牌所用玉质纯净润泽，精光内蕴，雕刻细腻，字画相辅相成，颇具古意。

- **单坡刀法**

单坡刀法由双坡刀法发展而来，双钩线在周代演变为半彻。即平行的两条线纹，一条阴线平直琢刻，另一条斜磨，产生阳文凸起效果，俗称“一面坡”。是西周典型的阴纹刀法。

- **隐刻**

隐刻也称隐起，指以雕刀浅磨玉肉表面略减地，所产生的线纹。看似隐约凸起，触之边棱不明显。新石器时期红山文化玉器即已采用。

- **斜刻**

斜刻其实是阳刻的简化，用勾砣将轮廓线用双线勾出，然后用轧砣斜向研磨，形成较高的斜面槽沟，让轮廓线凸显出来，这样就不用大面积减地了，是一种省工的浮雕技法。

- **跳刀线法**

跳刀线法汉代独有的雕刻技艺。汉代阴线纹细如游丝，有的还伴有极细微的圆圈，虽若断若续，但线条依然流畅，这就是所谓的“跳刀线”。

- **两明造**

两明造指在一块扁平玉片的正反两面雕刻出各种各样的纹样，纹饰镂空，一般多为两层，中部透空，凭借四周边缘相连而成一整体。此种工艺构思奇特，做工精细，最早出现于清代中期，北京故宫、苏州园林等建筑中有较多的应用。

## 6 镶嵌

镶嵌指玉器某部位嵌入与本器物相同或不同材质的饰件的工艺方法。古代玉器镶嵌工艺的目的，主要是为了丰富器物的材质内容，提高其工艺价值；丰富器物的色彩形式，提高其审美价值。

镶嵌工艺早在新石器时代就已得到使用，如山东临朐朱封村所出龙山文化玉笄饰，上部兽面纹的双眼用绿松石珠镶成。其后历代均有使用。

古代玉器镶嵌工艺特点：

（1）嵌入与器物颜色相近似的材质，表现色彩和谐之美。

（2）嵌入与器物颜色不同的材质，表现色彩对比之美。

（3）嵌入的饰件需用牢固的黏合剂结合。

**• 认识“金玉镶嵌”**

这是镶嵌工艺中的一种特殊技法，现代珠宝首饰行业普遍使用，如嵌宝戒指、嵌宝项链挂件、嵌宝耳饰等。金玉、金石均为名贵材料，它们在色彩上的搭配也十分和谐，故金玉镶嵌的器皿、饰件自古至今备受青睐。

金玉镶嵌还是修复玉器的一种方法。例如，有些损伤的玉器、翡翠饰品，经过镶嵌，甚至可以达到完美精致、不露一丝缺陷的程度；它的伤痕、裂痕被华美的雕金外表和金玉统一和谐的组合完全掩盖。

## 7 抛光

抛光是玉器雕刻中非常重要而不可替代的工作。玉件无论如何精雕细磨，表面始终都是粗糙的，只有经过完美的抛光，才能使玉器表现出温润光洁的外表，才能使玉器具有高贵的气质与价值。

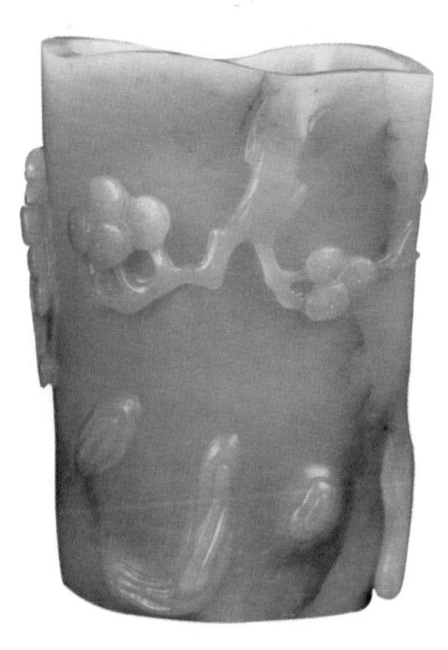

◁ **白玉雕松鹤笔筒　清中期**

高13.5厘米，直径9.2厘米

◁ **白玉小佛像　清中期**
高9厘米

▷ **白玉雕龙钮扁瓶　清中期**
高27厘米

◁ **白玉童子佩　清中期**
高6.5厘米

新石器时代，抛光技术已经使用，人们就利用极细腻的磨玉砂或其他材料，经细心研磨，使玉器表面呈现较强光泽。抛光是一种“以柔克刚”的方法。

玉器表面的打磨程度直接影响抛光效果，如细雕后玉器表面打磨非常精细和平滑，表面没有明显的坑点，抛光就易如反掌。如玉件打磨粗糙，抛光将十分困难。精细打磨，可以让抛光事半功倍。

## 8 俏色

俏色是指巧用同一块玉料上不同的天然颜色制成玉器，使玉料上的颜色与所做成的物品符合常理，又形成色彩对比，让人们感到“巧夺天工”“宛若天成”的美感。

河南安阳小屯出土的商代两件俏色玉鳖，说明商代俏色技法运用已见功力。至清代，这一技法得到充分的发挥和利用，有许多佳作传世。

在玉器俏色设计上，一般有三种不同的境界表现：

- **一绝**

一绝是玉器俏色设计中的最高境界，在艺术上表现为：绝无仅有，绝处逢生，犹如万绿丛中一点红，令观赏者拍案叫绝。

- **二巧**

二巧指对一件作品主色外的一或两种异色的匠心独运的设计，能达到返瑕为瑜的效果。

- **三不花**

三不花指对玉器多色的设计合情合理，十分贴切，使人看了没有眼花缭乱的感觉。

△ **白玉年年有余　清中期**

长8厘米

籽玉制年年有余挂坠，玉质细腻润泽，以俏色留皮等巧妙处理，琢刻两只鲶鱼盘转成佩，此挂坠有寓意年年有余之意，祝愿吉祥。

△ **御制白玉俏色神羊小盖盒（一对）　清乾隆**

长6厘米

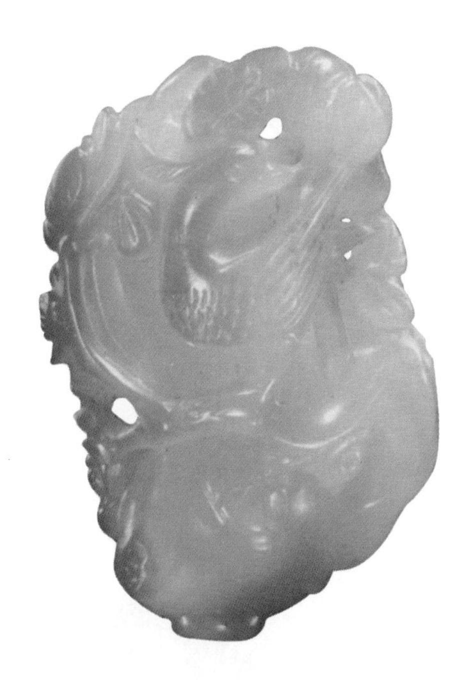

◁ **白玉留皮喜上眉梢坠　清中期**

长3.5厘米

玉质通透莹润，呈油脂光泽，大面积留皮俏色。以圆雕加透雕之法巧作喜鹊登梅之景，百花雕刻精细，喜鹊立于枝头，回首顾盼，灵动非凡。喜鹊登梅是中国传统吉祥纹样，因“梅”与“眉”谐音，喜鹊名中有一“喜”字，故以喜鹊落在梅花树枝上比喻喜上眉梢，用以形容喜事将到。

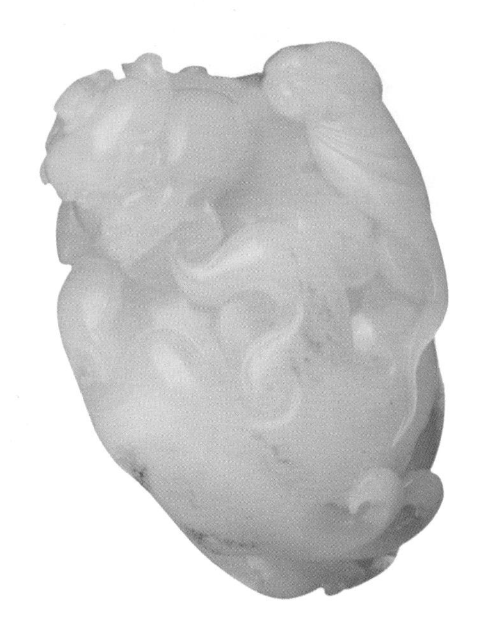

▷ **和田俏色籽玉福禄把件**

长5.9厘米，宽4.7厘米，高4.0厘米，重135.1克

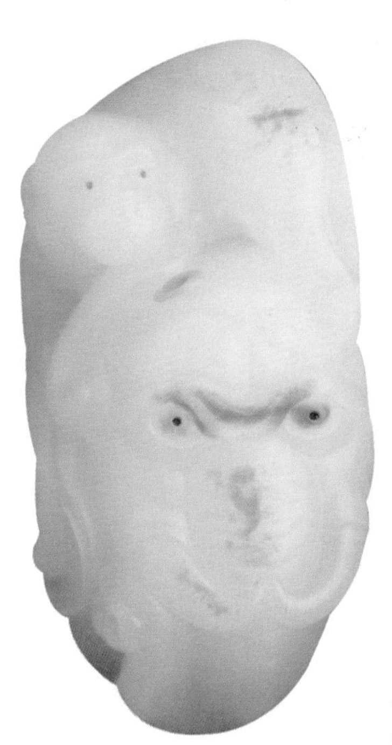

◁ **和田俏色羊脂封侯拜相把件**

长8.1厘米，宽4.8厘米，高3.0厘米，重199.3克

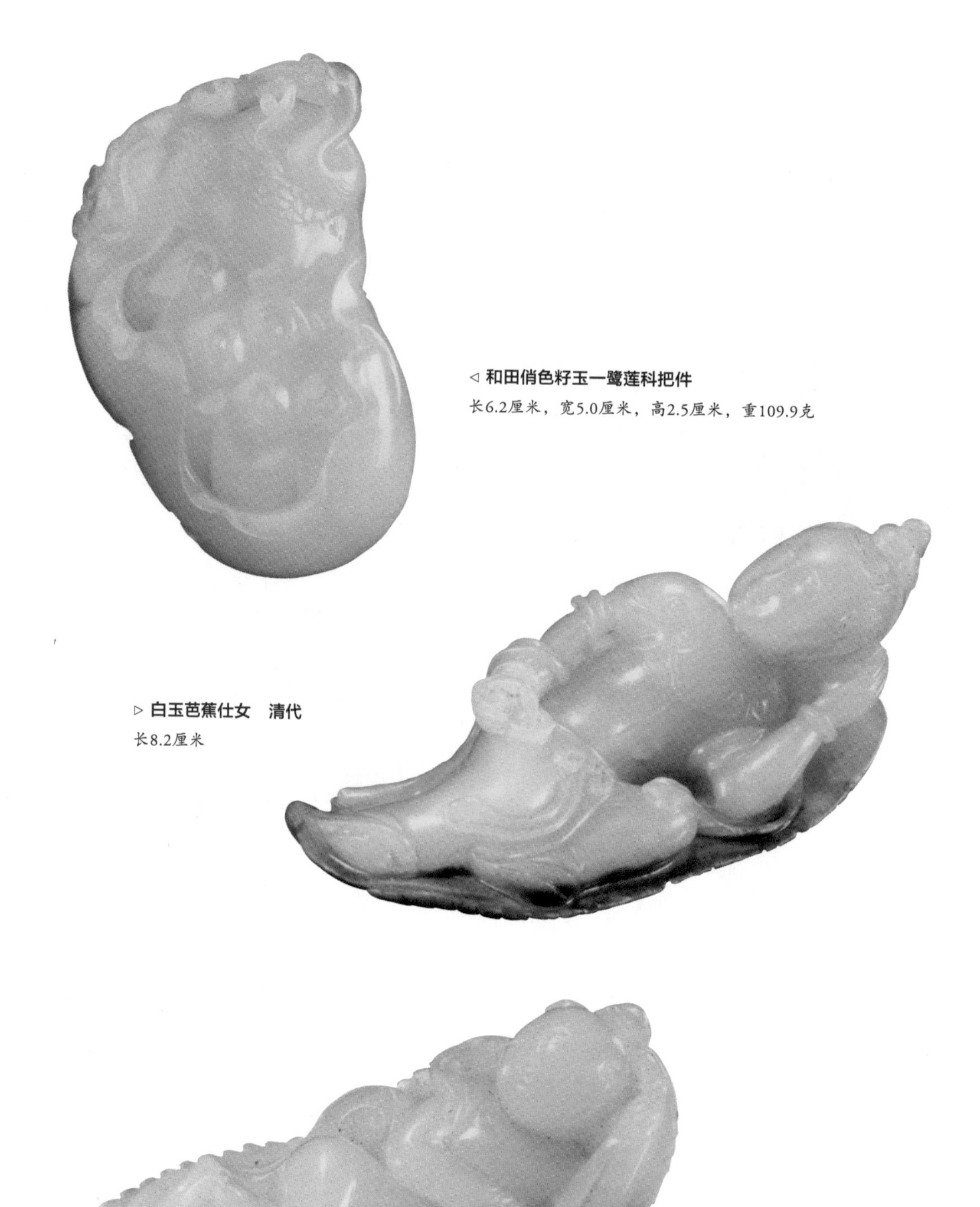

◁ **和田俏色籽玉一鹭莲科把件**

长6.2厘米，宽5.0厘米，高2.5厘米，重109.9克

▷ **白玉芭蕉仕女　清代**

长8.2厘米

◁ **白玉芭蕉仕女　清代**

长5.7厘米

▷ **白玉持经观音　清代**
高15.5厘米

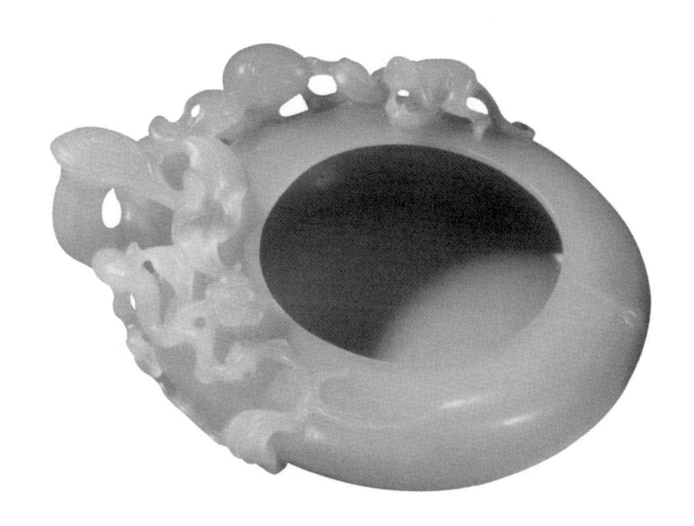

◁ **白玉灵猴献寿桃形洗　清代**
长9.5厘米

# 四 玉器题款分类

△ **白玉梅花诗文方壶　明代**
宽16.5厘米

△ **白玉雕螭龙纹鼎式炉　清乾隆**
高25.8厘米

玉质洁白润泽，规矩整洁。雕方鼎式炉，下承四方足，炉腹也呈长方形，配双桥耳。腹部浮雕螭龙纹，构图规整，雕琢细腻流畅。上配太狮少狮耳，雕琢生动活泼。底落："乾隆年制"四字篆书款。炉身刻："癸卯仲春"这种既有朝代款又有年款的玉器，极为罕见。

题款又称款识，指在书画、玉器等物上书写姓名、称呼、年月等字样。古玉与青铜器不同，带有铭款者极少，故其不被纳入于金石学之列。

迄今所知，最早的铭文是红山文化和良渚文化玉器上的原始符号。红山文化仅见一件兽首玦在兽头上有刻画符号。安阳玉器上出现了琢刻的或书写的铭文。战国出现了以玉版书写的盟书及篆刻篇幅不等的玉器，可称为铭刻玉器；战国出现的玉印、秦制传国玺、汉代宝玺及刚卯也均为铭刻玉器。此后，历代均以玉制册，以祀神灵或用于典章，五代已见阴篆楷体玉册。

清代铭款玉器盛行，出现雍正、乾隆、嘉庆、道光、咸丰、同治、光绪年款或仿古款玉器，款文以满、汉文体为主。特别是乾隆时代，铭款玉器特别盛行，除了年款、仿古款之外，还有不少碾刻御制诗、御题文字者。刻铭款最多的为大禹治水图玉山子，达1579字。

玉器题款既可助断代，又可作为鉴别器物真伪的首要参考。题款涉及到作者的艺术素养，一般做伪者很难效仿，眼力一流的人不难判别真伪。目前已知有伪印、伪刚卯及伪子刚款、伪宣和、伪乾隆午制款、伪乾隆御制诗等伪铭款玉制。

△ **白玉福寿如意诗文牌 清中期**

高5.6厘米

此牌牌额尤其别致，两面均为双螭纹却又不尽相同，正面牌额主以浮雕形式表现，双凤灵动活泼，反面牌额主以线刻形式表现，双凤古朴规整，由此可见匠人雕刻之不厌其烦。正面主题雕祥瑞图，花篮里盛满仙桃、灵芝，寓意长寿如意。反面牌额浮雕唐代诗人陈子昂《春日登金华观》——“白玉仙台古，丹丘别望遥。山川乱云日，楼榭入烟霄”。落“子冈”寄托款，打磨细致，技法精湛，属玉牌中的佳作。

△ **白玉仕女诗文佩 清代**

高5.5厘米

玉佩长方形，佩首雕琢夔龙纹，佩身正面减地刻仕女赏梅，小轩窗中，垂帘上卷，仕女凭栏而望，窗外似有满园春色，令人心旷神怡，屋内陈设盆景一枝，清馨优雅。佩背面刻阳文诗句：“来日绮窗前，寒梅着花未”。落“文玩”款，整体雕琢精致，诗文风雅，是为把玩佳品。

# 第三章 玉器的价值

# 玉器的价值体现

△ **白玉一鹭莲科炉顶　元代**
高5厘米

玉器的价值体现，不仅在于质地之美，更在于其所带的附加值。中华各个朝代的政治、经济、文化不一而同，玉器作为社会发展的载体之一，记录下中华文明发展变化的历史烙印，无形价值不可估量。

## 1｜ 文物价值

出土的玉器作为人类在历史发展过程中遗留下来的遗物，文物价值不可低估。它们从不同的侧面反映了其所在历史时期人类的社会活动、社会关系、意识形态以及利用自然、改造自然的状况，研究、鉴赏、辨伪玉器为今人了解古人和古代社会状况提供了实物依据。

玉器的存世数量、年代、造型等因素，决定着本身文物价值的高低。

▷ **白玉透雕龙纹摆件　元代**
长13厘米

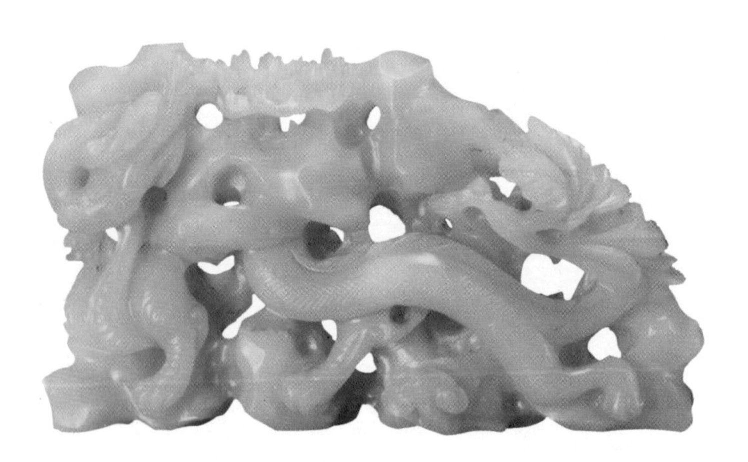

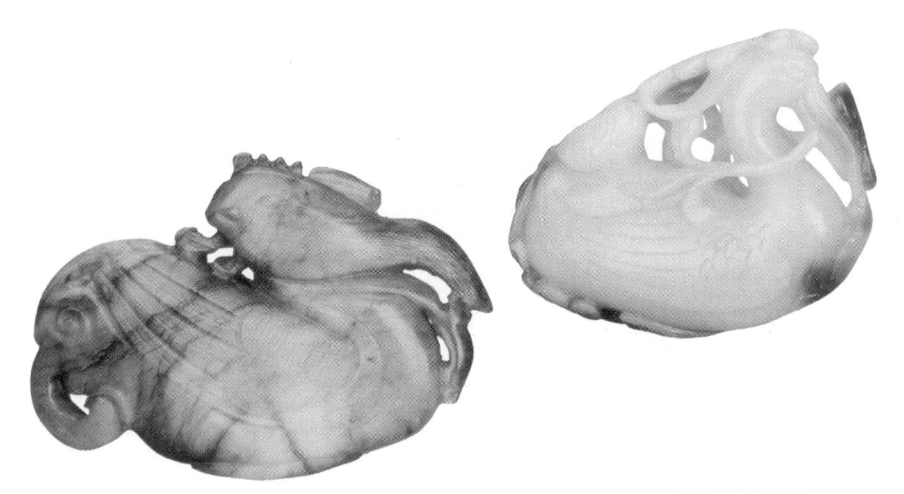

△ 青玉雕凤及青白玉鹤衔荷叶　明代（正背面）
长6.3厘米

▷ 玉雕貔貅　明代
长8.3厘米

▷ 黑白玉童子骑象摆件　明晚期
长8.2厘米

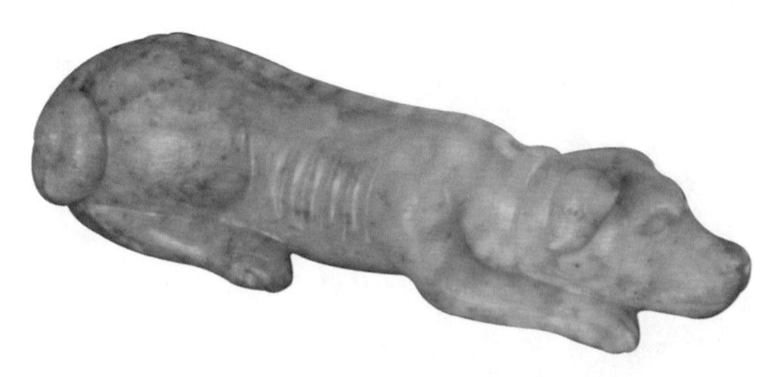

▷ **玉雕卧狗　明代**

长8.3厘米

▷ **白玉雕灵鹿献寿纹镇纸　明晚期**

长9厘米

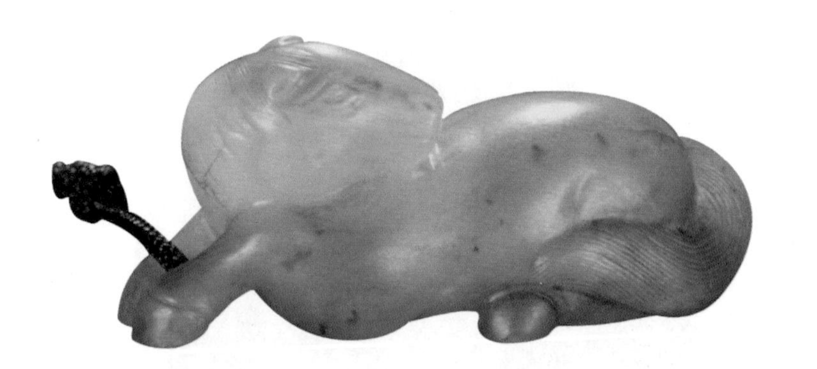

◁ **黄玉雕卧马纹挂件　明晚期**

长7厘米

此雕件即以黄玉为材，玉质细腻，玉色油润如牛脂，圆雕一匹骏马，马俯身而卧，两前蹄向前伸出，后蹄压于腹下，马回首观望，神情温驯，马鬃垂伏于颈部两侧，马尾贴服于体侧，马尾刻划清晰，丝缕毕现。

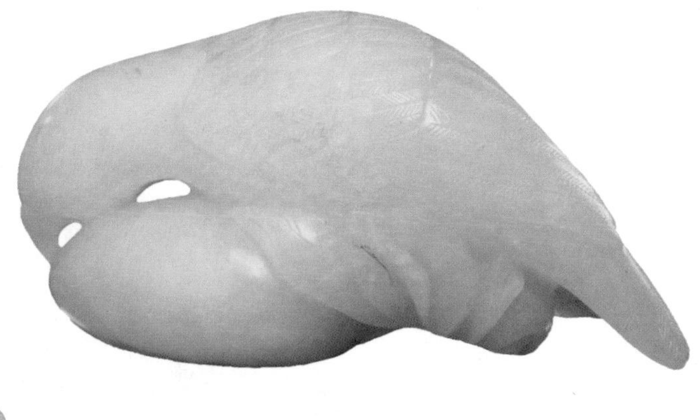

△ **青白玉鹦鹉寿桃　清代**

长8厘米

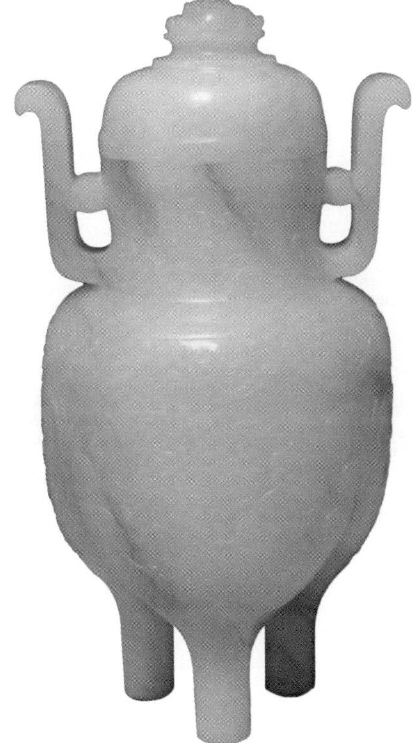

◁ **仿古兽面三足玉炉　清乾隆**

高21厘米

此炉束颈，附一盖上雕有古兽，瓶颈两侧有双耳，下乘三足瓶腹两侧以浮雕技法饰兽面纹，玉质温润，包浆纯厚，纹理清晰，雕工精湛，通透雅致。

▷ **青白玉雕五福捧寿活环洗　清乾隆**

长17.2厘米，宽13厘米，高6.7厘米

整器雕作丰满圆润的寿桃形，内心掏空为膛，洗壁厚薄均匀。两侧镂雕双蝠耳，耳下套活环。外壁一面浮雕一棵粗壮的桃树向上蓬勃生长，延伸至洗口后转施透雕技法，枝繁叶茂，两只小蝠栖息其上；另面浮雕一只硕大的蝙蝠，展翅攀附于桃尖。

△ **青白玉高士童子摆件　清乾隆**
长17.2厘米

## 2 | 历史价值

中国是世界上最早使用玉和玉制品使用最为广泛的国家，粗略估算有上万年历史，故有“玉器之国”之誉。

玉器文化贯穿华夏数千年的文明，是华夏历史的一个载体，如同古代流传下来的古书典籍，研究它可以知中华文明之兴衰更替、社会的风土人情。

玉器本身就创造了无数动人传说和故事，如和氏璧、杨贵妃含玉镇暑、宋徽宗嗜玉成癖……华夏文化与玉器文化不可分割。

◁ **黄玉咬尾龙　元代**

宽6厘米

咬尾龙形态丰满，龙身弧形，口尾相咬，双面雕工，刻画生动，充满活力。取黄玉为材，局部褐色留皮，颇具仿古之意，玉质精美，刀工简洁流畅，打磨光洁。

▷ **白玉仙人骑鹤　元代**

高 2.7厘米

◁ **青白玉蟠螭洗　明晚期**

长16.5厘米

▷ **灰白玉太狮少狮　明晚期**

直径10厘米

◁ **白玉雕耄耋守业纹纸镇　清早期**

长7.5厘米

白玉质，洁白莹润，圆雕两只小猫正与一只蝴蝶嬉戏，小猫体态丰腴，扑跳腾跃，雕工手法细腻，形象活泼逼真。

▷ **白玉雕天禄纹摆件　清早期**

长11厘米

白玉辟邪摆件取材整块和田白玉，采用立体圆雕手法琢制而成。神兽呈卧伏状，昂首伏卧，双眼圆睁，口微张，长须垂胸，体态圆润修长，蜷曲后仰，神情警觉，似伺机待扑，尾向背卷并紧贴，呈三绺花状。

△ **白玉寿星童子牌　清乾隆**

高6.3厘米

▷ **白玉童子牧牛摆件　清乾隆**

长11.3厘米

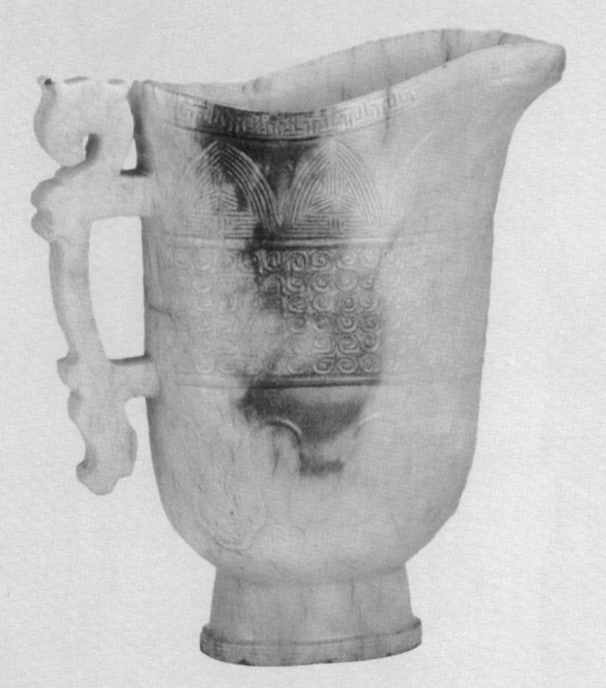

△ **旧玉仿古龙纹把杯　明代**
高10.5厘米

## 3 | 艺术价值

不论是古玉，还是新玉，玉器的艺术价值体现在造型、图案、纹饰等方面。玉器的造型是由玉的坯料质地和形状、玉器的功能决定的，要求构图比例应适当，匀称而无刻意、呆板之感。纹饰、图案是玉器装饰的主体部分，其美观程度直接影响人的感观。

一般来讲，做工利落流畅、娴熟精工必然，艺术价值高；反之，板滞纤弱、拖泥带水，艺术价值则不高，哪怕是玉质再好！

△ **青玉动物把件（一组）　明晚期**
长5.3厘米

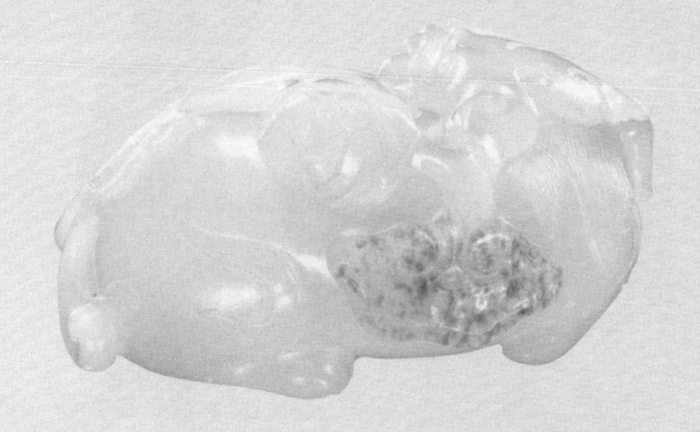

△ **白玉留皮衔灵芝莲花瑞兽　清乾隆**
长5.8厘米

△ **青玉佛　清乾隆**
高20厘米

△ **白玉胡人洋洋得意摆件　清乾隆**
高5.8厘米

◁ **白玉西王母佛　清乾隆**
长13厘米

## 4 | 收藏价值

玉器，特别是古玉一直被收藏者看好，正所谓“黄金有价玉无价”。近些年来，玉器的收藏价值具体体现为三点。

一是海外重视“高古玉”。高古玉指的是汉代以前的玉制品。西方人更重视研究中国玉器的文化信息含量，因此备受追捧。只要是年代可靠的高古玉，价格动辄都在百万元以上。但对于国内玉器玩家来说，高古玉多伪品，投资应十分谨慎。

二是国人青睐帝王玉。被帝王所用过的玉器，其艺术价值、文物价值都是翻倍的，奇货可居。特别是清代帝玉，每次在拍卖会交易，都属明星级。2004年，北京翰海春拍乾隆黄玉出戟螭龙凤瓶，估价为150.25万元，可最终以480万元成交。

三是“中古玉”是潜力股。中古玉是指隋、唐、宋、辽、金、元时期的玉器。中古玉目前在市场价格上较低，但升值潜力很大，买家如若看准便值得出手。

◁ **青白玉带皮鹅衔莲摆件　明晚期/清早期**

长9厘米

▷ **灰玉卧马　明晚期/清早期**

长12.7厘米

◁ **白玉雕卧牛纹摆件　清早期**

长17.5厘米

此卧牛选青玉雕琢，质地细腻，呈凝脂般光泽。牛回首目视前方，悠闲自得。双目炯炯有神，头部及两角等处雕刻逼真，回首间尽显闲适与安详。牛为十二生肖之一，对应十二地支的“丑”。

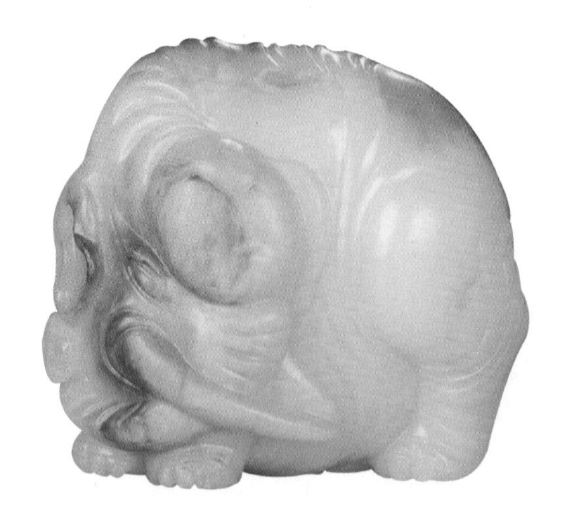

◁ **白玉雕象纹摆件　清早期**

长6.5厘米

和田白玉质，细腻温润，圆雕大象，象身肥硕丰腴，肉纹如流，四肢粗壮如立柱，象低首，双耳垂于脑侧，獠牙如矛，长鼻卷于颌下，双目微闭，神情恭敬温顺。大象项背留皮巧雕，金黄色玉皮如覆圣光。

▷ **白玉雕鸳鸯纹摆件　清早期**

长16.2厘米

白玉质，玉质油润，圆雕一鸳一鸯浮游于水中，双鸟回首同衔一枝荷花，神态亲昵，极为动人。此件雕工精致，鸳鸯活灵活现，水波激扬荡漾，富有动感。精巧的构思蕴含美好的寓意。

◁ **青白玉鸳鸯摆件　清乾隆**

长11.5厘米

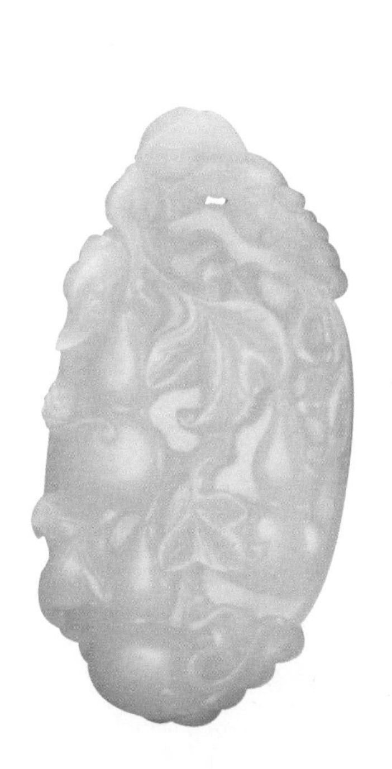

△ **白玉葫芦万代喜字牌　清乾隆**

长6.5厘米

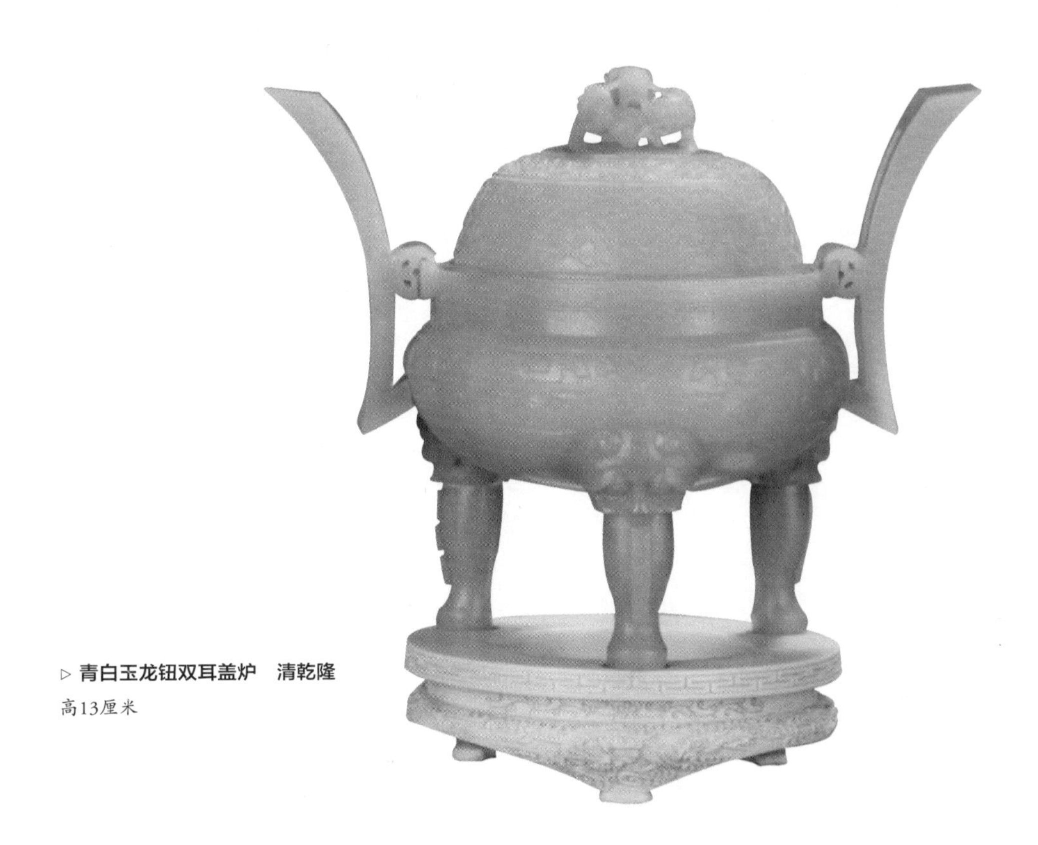

▷ **青白玉龙钮双耳盖炉　清乾隆**

高13厘米

# 第四章 玉器的保养

# 一 学会盘玉

△ **白玉小佛手　清代**
高6.3厘米

玉的质地较硬，一般来讲不怕摩擦；玉的化学性质稳定，温度的变化对其影响不大。因此，收藏玉与其他古玩不同——玉需要“盘玩”，即人们口头常说的“玩玉”“盘玉”。玩、盘二字，皆为以手触摸、把玩之意。玉经过科学的方法盘玩，会出现温润的光泽，晶莹通透，给人羽化升仙的脱胎之感，入市交易升值。

## 1｜三种玩盘法

- **文盘**

将玉佩戴在身上，用人气养玉，使玉慢慢吐出原先在土中侵蚀进去的杂质。

文盘多适用于小件的玉器，时间较长，少则十来年，多则几十年才能使玉通透起来。

◁ **白玉卧马　清代**
长10.5厘米

△ **和田玉籽料　清代**
长15.5厘米，重3.5千克

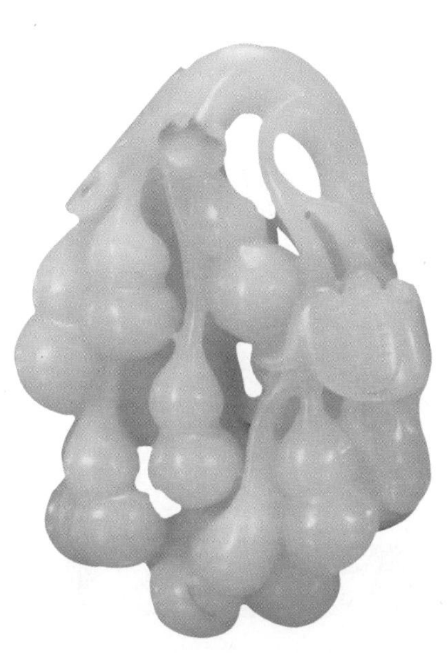

△ **白玉透雕福禄坠　清代**
高6.7厘米

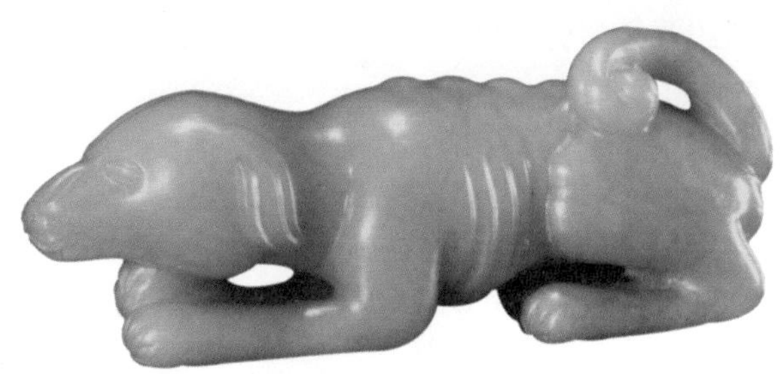

△ **黄玉卧犬　清代**
长8.2厘米

◁ **黄玉雕口衔灵芝瑞兽　清代**
长5.5厘米

**• 武盘**

武盘一般适用于大件的玉器。方法不一。例如：雇请多人先用旧白布，后用新白布，昼夜不停的摩擦古玉，让其发热，逐渐吐出玉中的杂质；或者滚水煮，趁热用棕老虎(一种用棕捆扎而成的圆刷）猛擦。

武盘一般也需数年，缺点是容易伤玉。盘时须看火候，过与不及，均于玉有伤。

**• 意盘**

时不时地将玉捧在手上，一边盘玩，一边想象着玉的种种美德，与之心灵相通，使玉吐出杂质，变得通透起来。该法也要经过许多年。

△ **白玉四臂观音像　清代**
高15厘米

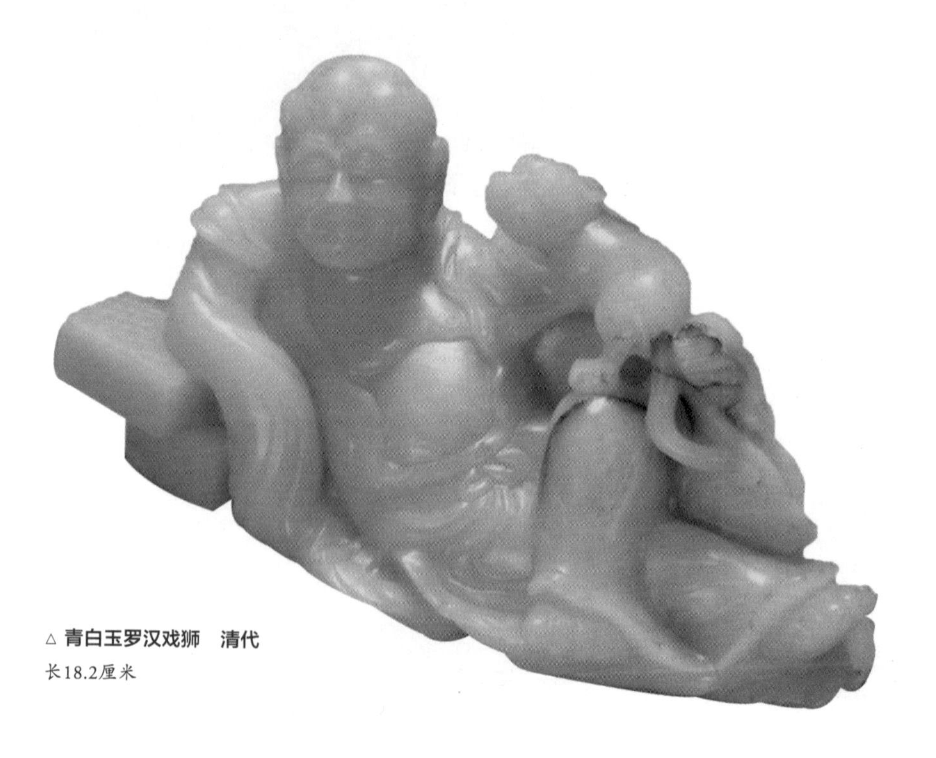

△ **青白玉罗汉戏狮　清代**
长18.2厘米

## 2 | 盘玉“四到”

许多古玉鉴藏家对古玉的盘玩，倾注了毕生的心血，留下了许多心得。他们认为盘玩古玉应做到“四到”。

- **眼到**

拿到一块玉器，看它的材料、器型、纹饰、雕工和沁色，辨其真伪。

- **手到**

动手采用各种方法判断玉器的材料，如用手感觉玉的重量、用小刀刻玉检验玉的硬度（刚出土的高古玉器不能用小刀检验）。

△ **象首耳活环玉盖瓶　清代**
高 21厘米

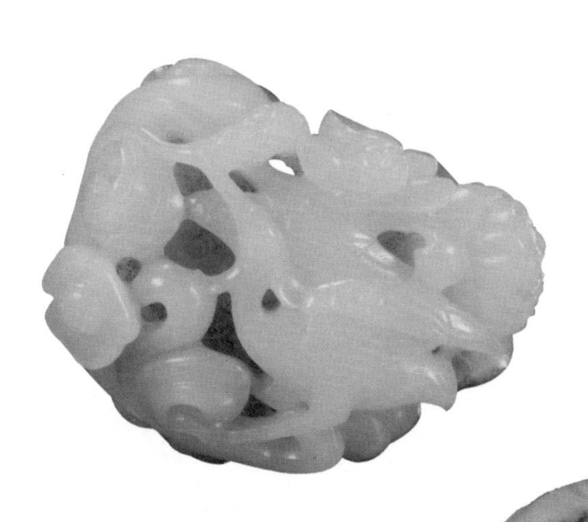

◁ **白玉洒金一鹭莲科　清代**
高6.5厘米

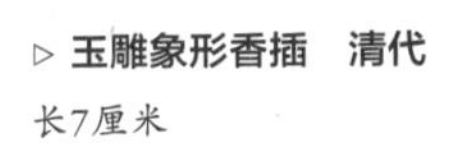

▷ **玉雕象形香插　清代**
长7厘米

△ **白玉仙人乘槎诗文佩　清代**
高5.7厘米

• **嘴到**

用舌头舔玉，如是古玉，其发黏，有些刚出土的小玉件甚至黏在舌头上掉不下来。此“到”今人看来颇不卫生，但古人较喜欢用。

• **鼻到**

用开水泡玉，趁热拿出来在鼻子下闻。

开水泡玉，除使玉器变热，使玉中的气味易于挥发外，还是一种鉴别古玉的办法，即“出灰”。出灰是古玉的一种标志，凡是出土的古玉，用滚水一泡并趁热取出晾干，在其雕工处，有时是整个玉，特别是沁色重的地方会有一层白灰；新仿伪古玉没有这种现象。

▷ **白玉衔灵芝瑞兽　清代**
长8厘米

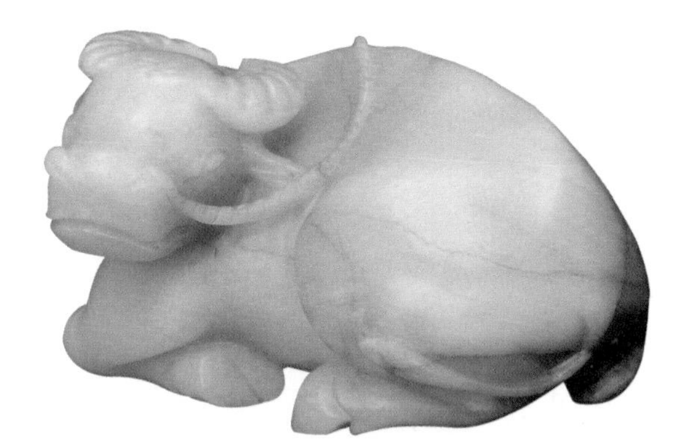

◁ **青白玉卧牛摆件　清代**

长11.2厘米

△ **白玉缠枝花卉纹双蝶衔环耳三足盖炉　晚清**

直径21.5厘米

◁ **白玉佛　清晚期**

高17厘米

△ **青白玉童子寿星摆件　清代**
高11.4厘米

## 3 | 盘玉的禁忌

盘玉时忌手上有汗。玉盘好后，忌用手继续抚摸，以免将玉表面的光泽扰暗。应放置锦盒内观赏，用手取出前宜戴上手套。

▷ **白玉雕兽面纹狮钮方盖炉　清代**
高22厘米

## 二 做到“六个避免”

△ **白玉芭蕉人物诗文砚屏　清代**
高11.3厘米

### 1 | 避免与硬物碰撞

玉器尽管质地坚硬，但与硬物碰撞后也可能受损，如出现裂纹。玉器的暗裂纹最初肉眼往往无法看出来，但玉表层内的分子结构已受破坏，天长日久就会显露出来，大大损害玉器的完美性和收藏价值，使藏家经济上受损。

所以，玉器佩挂件不用时要放妥，放进首饰袋或首饰盒内，以免碰伤。

### 2 | 避免沾染灰尘与油污

旧玉刚出土时，一般需要先清洗玉表面的污物，清洗可用水、酒精，带油污的可用丙酮或稀料去污。清洗小件一般用牙刷一类的刷子，大件可用棕刷。

严重污染的旧玉，可到生产、清洁玉器的专业公司用超声波仪器清洗保养。

平时佩戴时，玉器表面若沾上灰尘，宜用软毛刷清洁；若有污垢或油渍等，可用温淡的肥皂水刷洗，再用清水洗净，但忌使用化学除油剂。

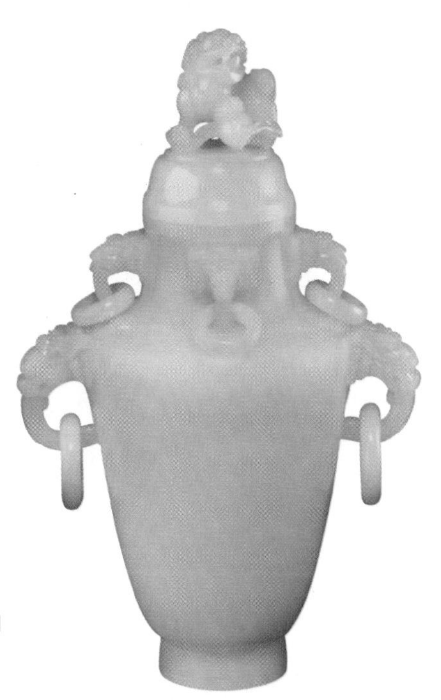

▷ **白玉六龙首衔环耳狮钮盖瓶　清晚期**
高 22.5厘米

◁ **白玉河图洛书牌　清代**

高5.1厘米，直径3.6厘米

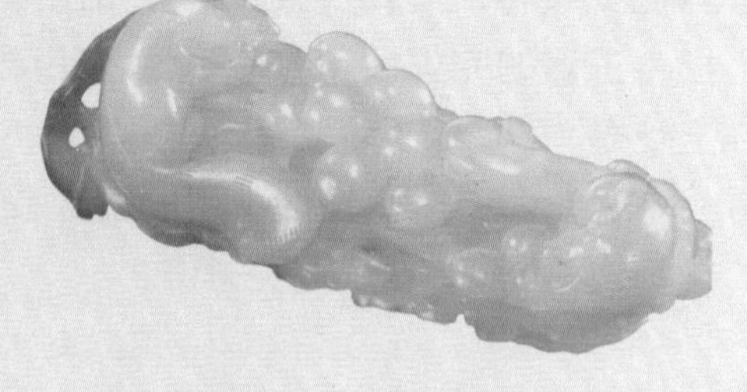

△ **白玉留皮松鼠葡萄镇纸　清代**

长8.3厘米

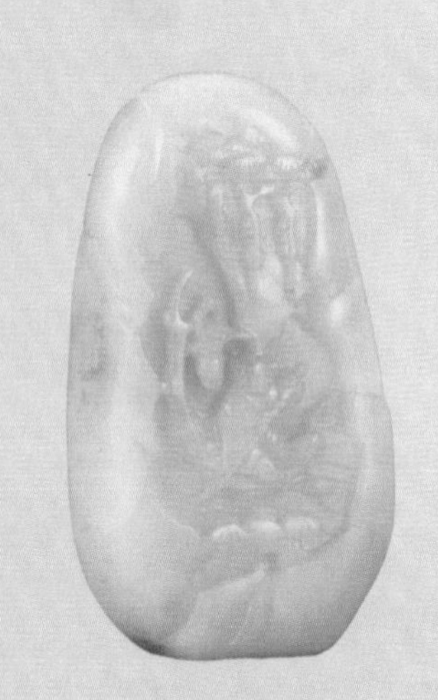

◁ **青白玉童子乘槎诗文山子　清代**

高10厘米

◁ **白玉比翼同心牌　清代**

高5.4厘米

玉牌白玉雕琢，细腻光润，切磨规整，包浆浑厚。牌高束腰，近似椭圆形，边随纹饰有多处倭角，牌首琢钻小孔，以系绳坠。此玉牌分两面雕刻，牌首琢祥云纹，牌之正背皆雕琢比翼瑞鸟，各题书“同心”“比翼”。整体雕琢精细，刀法娴熟，线条流畅，打磨精细，寓意富贵吉祥。

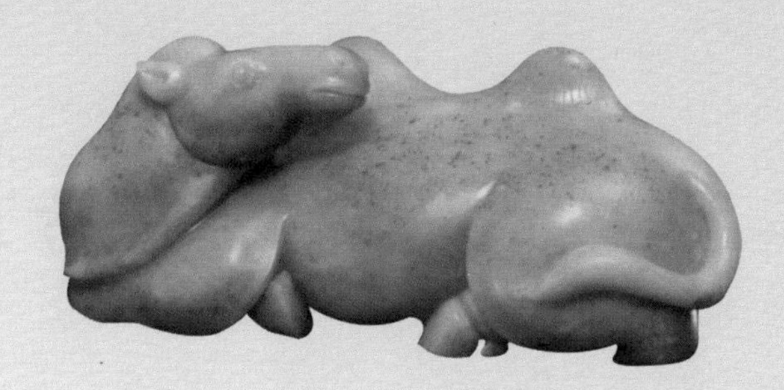

◁ **灰玉骆驼摆件　清代**
长20.6厘米

## 3｜避免阳光长期直射

玉器经阳光暴晒遇热膨胀，分子间隔增大，从而影响玉的质地和色泽。

避免阳光直射还不够，还要避免将玉放置于过于干燥的地方，过于干燥的环境往往造成玉中的水分蒸发，损害玉的品质。

## 4｜避免用火烘烤

玉器不要用火烘烤，也不能离火源近了。古人云："（玉）常与火近，色浆即退"。尤其是出土不久的玉器，受火的烘烤后，色更易变淡。

## 5｜避免接近冰

古人说玉畏冰，"（玉）常与冰近，色沁不活"。意思是说，古玉经常接触冰，土门受损，玉理黯然不能显出色沁，成为死色。

## 6｜避免与香水、化学制剂和汗液接触

化学制剂，如各样杀虫剂、化妆品、香水、美发剂等，会给玉器带来一定的损伤。如若不小心沾上，应及时擦除并清洗。

玉器接触太多的汗液后，即会受到侵蚀，使外层受损，影响本来的鲜艳度。尤其是白玉，特别是羊脂白玉更忌汗和油脂，佩带之后要用柔软的布擦净。

# 三

# 掌握正确的清洁方式

## 1 | 新购玉要做清洁工作

新购玉件一般应在清水中浸泡几小时，然后用软毛刷（牙刷）清洁，再用干净的棉布擦干后佩戴。

△ **白玉玉堂锦绣佩　清代**
高6.8厘米

△ **青玉狮子　清代**
长12.1厘米

△ **白玉持经罗汉　清代**
长11.2厘米

△ **白玉仕女　清代**

高13.5厘米

△ **白玉松下人物诗文砚屏　清代**

直径13厘米

△ **白玉盘　清代**
直径19.6厘米

△ **白玉双龙佩　清代**
高5.5厘米

△ **碧玉山水人物山子　清代**
高17.5厘米

## 2 | 要使用柔软的白布抹拭

佩挂件宜用清洁、柔软的白布抹拭，不宜用染色布、纤维质硬的布料，这样有助保养和维持原质。

## 3 | 要定期清洗

玉件一般隔一段时间就要进行一次清洗。

## 4 | 要经常检查玉佩系绳

玉佩等悬吊饰物，应经常检查系绳。系绳易磨损断裂，如发现不及时，可能造成玉器丢失，或因坠地碰撞而受损。